中国地质大学"211工程"精品出版项目资助

GIA 宝石实验室鉴定手册

美国珠宝学院 著
地质矿产部北京宝石研究所（原） 译
中国地质大学（北京）珠宝学院 校

中国地质大学出版社

图书在版编目(CIP)数据

GIA宝石实验室鉴定手册/美国珠宝学院著；地质矿产部北京宝石研究所译. —2版.
—武汉：中国地质大学出版社，2008
ISBN 978-7-5625-2057-3 （2017.6重印）

Ⅰ. G…
Ⅱ. ①美…②地…
Ⅲ. 宝石—鉴定—手册
Ⅳ. P619.280.5-62

中国版本图书馆 CIP 数据核字(2008)第 012208 号

GIA宝石实验室鉴定手册		美国珠宝学院 著
责任编辑：段连秀	技术编辑：阮一飞	责任校对：张咏梅

出版发行：中国地质大学出版社(武汉市洪山区鲁磨路388号)　　邮编：430074
　　　电话：(027)67883511　　传真：67883580　　E-mail：cbb@cug.edu.cn
经　　销：全国新华书店　　　　　　　　　　　　　　　　　http://www.cugp.cn

开本：787毫米×1092毫米 1/16　　字数：320千字　印张：11.5　插页：4　图版：2
版次：2005年7月第1版　　　　　　印次：2017年6月第10次印刷
印刷：武汉教文印刷厂　　　　　　　印数：20001-21500册

ISBN 978-7-5625-2057-3　　　　　　　　　　　　　　　　　定价：68.00元

如有印装质量问题请与印刷厂联系调换

前　言

美国珠宝学院（GIA）* 已有 70 多年的历史，积累了丰富的教学实践经验，同时编辑了一整套内容丰富、体系完整的教材资料。1985 年底地质矿产部北京宝石研究所（原）得到该学院《宝石实验室鉴定手册》一书，认为此书对我国宝石教学、鉴定、加工、贸易、寻找等工作很有参考价值，旋即组织了翻译，1987 年交中国地质大学（武汉）宝石研究室校稿。

本书主要介绍了宝石鉴定仪器的操作及测试步骤、宝石鉴定表及程序、宝石鉴别等主要内容。本书的重要特点就是按宝石的折射率进行分类，非常详细地提示了各种宝石的鉴定方法以及与其极易混淆的宝石原料的鉴别方法，最后附有宝石材料特征表：表 A 及表 B。这是积 70 余年工作经验的总结，是深受欢迎的一本工具书。

本书共分六部分，旧版由地质矿产部北京宝石研究所（原）组织翻译。导言、目录、第一章缩略语、第五章种和变种、第六章宝石材料特征表 A 及表 B，由吴瑞华译；第二章仪器的操作与测试步骤由王春生译；第三章宝石鉴定表及鉴定程序和宝石材料检索表由高海清译；第四章宝石鉴别中"折射率大于 1.80"一节由郝雅平译；宝石鉴别"折射率 1.70—1.80、1.60—1.70"二节由袁晓江译；宝石鉴别"折射率 1.50—1.60"一节由徐虹译；宝石鉴别折射率小于和等于 1.50 以后二节由王建国译。该书出版后广为流传，深受广大读者欢迎，为我国珠宝鉴定的开展起到了推动作用。

现原著英文版已第 12 次再版，增加了许多新的科研成果和内容。应广大读者的要求，我们将第 12 版重新翻译出版，与广大读者见面。全书由任佳、吴瑞华执笔通译。

译　者

2004 年 11 月

---

* GIA-Gemological Institute of America 美国珠宝学院

导　　言

　　本鉴定手册是为了帮助宝石学家及宝石学学生鉴定常见宝石和一些罕见的宝石及矿物标本而写的。由于本书原来是为学习美国珠宝学院宝石鉴定课程（GIA）的学生所写，故应与其他的美国珠宝学院教材合用，美国珠宝学院教材包括有《彩石及宝石鉴定作业》、《宝石参考指导》和《宝石实验室鉴定手册》第 12 版第 4 次印刷（R. T. Liddicoat Jr., 1993）。本书共由六个主要部分组成，其目的在于使学生通过掌握宝石仪器的基本操作，遵守相应的鉴定程序和掌握每种宝石的关键性质，达到最终鉴定宝石的目的。这六部分是：

　　缩略语　以下各章中常用的宝石学名词和短语是用缩略语列出的，建议在宝石鉴定表中使用缩略语。

　　仪器操作与测试步骤　概要地介绍常规宝石仪器的操作和测试步骤、注意事项和测试结果，还简要地列出每种仪器能够测定的宝石学性质。

　　宝石鉴定表及鉴定程序　详细描述了如何使用所提供的宝石鉴定表来达到 GIA 教学目的和便于宝石的鉴定。该节概括了鉴定和解释宝石学性质的逻辑步骤。

　　宝石鉴别　详细的参考资料指导将各种宝石从通常与它们极易混淆的其他材料中区别出来。

　　该章在各种宝石材料的更重要的性质方面进行了扩充，并且指出最好使用哪种仪器及测试方法来进行某种宝石鉴定。

　　种和变种　列出了宝石材料特征表 A 中的常见宝石种名及其较为重要的变种名。

　　A、B 表　以表格的形式列出简要的信息以对宝石材料签定提供初步的帮助，表中列出在鉴定中经常使用的宝石的光学及物理性质。表 A 中所列的宝石材料是珠宝交易中常见的品种，而表 B 的则较少见，原因是这些宝石材料十分稀少和（或）耐久性差。

　　英文手册从头至尾都夹有空白插页，为的是方便读者记录通过自己的实践经验而得到的信息和编入宝石学文献中随时出现的新材料。

目 录

第一章 缩略语 ………………………………………………………………（1）
第二章 仪器操作与测试步骤 ………………………………………………（6）
　第一节 整体观察 …………………………………………………………（6）
　第二节 放大检查 …………………………………………………………（9）
　第三节 折射仪 ……………………………………………………………（13）
　第四节 偏光镜 ……………………………………………………………（21）
　第五节 二色镜 ……………………………………………………………（24）
　第六节 紫外荧光测试仪 …………………………………………………（25）
　第七节 其他仪器的操作及测试步骤 ……………………………………（26）
　　一、分光镜 ………………………………………………………………（26）
　　二、相对密度 ……………………………………………………………（29）
　　三、滤色镜 ………………………………………………………………（31）
　　四、油浸槽 ………………………………………………………………（32）
　　五、热导仪（钻石分辨仪）……………………………………………（33）
　　六、透视效应 ……………………………………………………………（33）
　　七、红圈效应 ……………………………………………………………（34）
　　八、光谱透射图式 ………………………………………………………（34）
　　九、热针（热反应检测器）……………………………………………（35）
第三章 宝石鉴定表及鉴定程序 ……………………………………………（36）
　第一节 宝石鉴定程序 ……………………………………………………（36）
　第二节 宝石鉴定表及鉴定程序 …………………………………………（37）
第四章 宝石鉴别 ……………………………………………………………（41）
　第一节 宝石材料检索表 …………………………………………………（42）
　第二节 超率限（折射率大于1.80的宝石）……………………………（53）
　第三节 折射率1.70—1.80的宝石 ………………………………………（66）
　第四节 折射率1.60—1.70的宝石 ………………………………………（93）
　第五节 折射率1.50—1.60的宝石 ………………………………………（114）
　第六节 折射率小于和等于1.50的宝石 …………………………………（142）
　第七节 拼合石 ……………………………………………………………（148）
　第八节 玻璃和塑料 ………………………………………………………（156）
第五章 种和变种 ……………………………………………………………（159）
第六章 宝石材料特征表A及表B …………………………………………（177）

第一章　缩略语

为了节省文章篇幅，并保持内容清晰，本手册常使用下面的缩略语，并且建议在鉴定表及鉴定程序一节中用缩略语来记录所鉴定的宝石的性质和测试结果。当表中无缩略语时，应写全名称。

单星号在仪器和鉴定两部分中用以标注 B 表中宝石的符号，双星号是在样品和变种这两部分中用以表示特殊变体的符号。

A. 总体观察
　1. 颜色　Color
　　①色调　Tone
　　　　很浅　　　　　　vl—very light
　　　　浅　　　　　　　l—light
　　　　中浅　　　　　　ml—medium light
　　　　中　　　　　　　m—medium
　　　　中深　　　　　　mdk—medium dark
　　　　深　　　　　　　dk—dark
　　　　很深　　　　　　vd—very dark
　　②色彩　　　　　　Hue
　　　　紫色　　　　　　P—purple
　　　　红紫色　　　　　rP—reddish purple
　　　　红-紫/紫-红色　　RP/PR—red-purple/purple-red
　　　　强紫红色　　　　stpR—strongly purplish red
　　　　浅紫红色　　　　slpR—slightly purplish red
　　　　红色　　　　　　R—red
　　　　橙红色　　　　　oR—orange red
　　　　红-橙/橙-红色　　RO/OR—red-orange/orange-red
　　　　红橙色　　　　　rO—reddish orange
　　　　橙色　　　　　　O—orange
　　　　黄橙色　　　　　yO—yellowish orange
　　　　橙黄色　　　　　oY—orangy yellow
　　　　黄色　　　　　　Y—yellow
　　　　绿黄色　　　　　gY—greenish yellow
　　　　绿-黄/黄-绿色　　GY/YG—green-yellow/yellow-green
　　　　强黄绿色　　　　styG—strongly yellowish green
　　　　黄绿色　　　　　yG—yellowish green

浅黄绿色	slyG—slightly yellowish green
绿色	G—green
极浅蓝绿	vslbG—very slightly bluish green
蓝绿色	bG—bluish green
极强蓝绿色	vstbG—very strongly bluish green
绿蓝/蓝绿	GB/BG—green-blue/blue-green
极强绿蓝色	vstgB—very strongly greenish blue
绿蓝色	gB—greenish blue
极浅绿蓝色	vslgB—very slightly greenish blue
蓝色	B—blue
紫蓝色	vB—violetish blue
蓝紫色	bV—bluish violet
紫罗兰色	V—violet
蓝紫色	bP—bluish purple

③ 其他

无色	C—colorless
白色	W—white
灰色	Gr—gray
黑色	Bl—black
粉红色	Pi—pink
褐色	Br—brown

注意：Pink/Pi 表示淡红或粉红色

例：yG＝黄绿色（带黄色的绿色，绿色多于黄色）

YG＝黄-绿色（黄色、绿色等量）

——译者注

2. 透明度　Tp
- 透明　Tp—transparent
- 亚透明　STp—semitransparent
- 半透明　Tl—translucent
- 亚半透明　STl—semitranslucent
- 不透明　O—opaque

3. 琢型　Cut
- 刻面型　Fac—faceted
- 弧面型　Cab—cabochon
- 珠型　Bd—bead
- 球型　Sph—sphere
- 板片型　Tab—tablet
- 浮雕　Cam—cameo
- 凹雕　Int—intaglio
- 随型　Tum—tumbled
- 晶体原石　Ro—rough

4. 特殊光性　Phenomena（PH）
- 星光效应　A—asterism
- 冰长石晕彩　Ad—adularescence

	砂金效应	Av—aventurescence
	猫眼效应	C—chatoyancy
	变色效应	CC—color change
	晕彩效应	I—iridescence
	光彩效应（月光效应）	L—labradorescence
	珍珠光彩	O—orient
	变彩效应	P—play-of-color
5.	抛光光泽	Polish Luster（P. Lus）
	金属光泽	Metal—metallic
	金刚光泽	Adam—adamantine
	亚金刚光泽	S-adam—subadamantine
	玻璃光泽	Vit—vitreous
	亚玻璃光泽	S-vit—subvitreous
	油脂光泽	Gre—greasy
	树脂光泽	Res—resinous
	蜡状光泽	Wx—waxy
	无光泽	Dl—dull
	绢丝光泽	Sky—silky
	珍珠光泽	Prl—pearly
6.	色散	Dispersion（Disp）
	极强	Ex—extreme
	强	St—strong
	中	Mod—moderate
	弱	Wk—weak
7.	掂重	Heft
	重	Hi—high
	中等	Mod—moderate
	轻	Lo—low
8.	拼合石	Assembled Stones（Assem）
	二层石	Doub—doublet
	三层石	Trip—triplet
	拼合面	Sep pl—separation plane
	红圈效应	R ring—red-ring effect

B. 放大检查　MAGNIFICATION

1.	包裹体	Inclusions（Incl）
	二相包体	2-ph incl—two-phase inclusion
	三相包体	3-ph incl—three-phase inclusion
	棱角状包裹体	Ang incl—angular inclusion
	云雾状包体	Cld—cloud
	弧形条纹	Cur Str—curved striae

指纹状包体	Fpt—fingerfrint
羽状纹	Ftr—feather
气泡	GB—gas bubble
包裹体或包裹物	Incl—inclusion/included
针状物	Ndl—needle
负晶	Neg xtl—negative crystal
小晶片	Plate—platelet
晶体	Xtl—crystal

2. 断口 Fracture（FR）

见壳状断口	Conch—conchoidal
平滑断口	Ev—even
粒状断口	Gran—granular
参差状断口	Spl—splintery
阶梯状断口	Step—step-like break
不平坦断口	Unev—uneven
裂理	Part—parting

3. 断口光泽 Fracture Luster（Fr. Lus）

见"抛光光泽"。

4. 解理 Cleavage（CL）

如条件允许应测定解理面的组数和交角，如两组 90°。

C. 折射率和双折射 REFRACTIVE INDEX（RI）AND BIREFRINGENCE（BIRE）

| 超率限（折射率大于1.80） | OTL—over-the-limits |
| 双折射闪烁 | Blink—birefringence blink |

D. 光性特征 OPTIC CHARACTER

单折射	SR—singly refractive
异常双折射	ADR—anomalous double refraction
双折射	DR—doubly refractive
集合体反应（不消光）	AGG—aggregate reaction
一轴晶	U—uniaxial
二轴晶	B—biaxial
正光性	＋—positive sign
负光性	−—negative sign
无光符	w/o—without sign
光符未定	i/d—sign indeterminable

E. 多色性 PLEOCHROISM（PLEO）

强	St—strong
中等	Mod—moderate
弱	Wk—weak

F. 附加测定 ADDITIONAL TESTS

1. 光谱 Spectra（Spec）

2. 相对密度　Specific Gravity（SG）
   重液　　　　　　　　　　L—（estimated with）heavy liquids
   液体静力学重量　　　　　H—（determined by）hydrostatic weighing
   估算　　　　　　　　　　Est—estimate
   沉　　　　　　　　　　　S—sinks
   浮　　　　　　　　　　　F—floats
   重量　　　　　　　　　　Hft—heft
   二碘甲烷　　　　　　　　MI—methylene iodide
3. 荧光　Fluorescence（F）
   长波紫外光　　　　　　　LW—long-wave ultraviolet
   短波紫外光　　　　　　　SW—short-wave ultraviolet
   反应强　　　　　　　　　St—strong reaction
   反应中　　　　　　　　　Mod—moderate reaction
   反应弱　　　　　　　　　Wk—weak reaction
4. 滤色镜或查尔斯滤色镜　Color Filter or Chelsea Filter（CF）
5. 光谱透射图式　Spectral Transmission Pattern（STP）
   钛酸锶　　　　　　　　　ST—strontium titanate
   合成立方氧化锆　　　　　CZ—synthetic cubic zirconia
   钆镓榴石　　　　　　　　GGG—gadolinium gallium garnet
   钇铝榴石　　　　　　　　YAG—yttrium aluminum garnet

第二章　仪器操作与测试步骤

本章是 GIA 鉴定课程中实验知识的总结。其中介绍了使用常规宝石仪器的步骤和注意事项。课程的理论部分有意加以省略,以便使本章可作为实验工作的简明易懂的参考书。

注意:单星号(*)表示 B 表上的宝石材料。

第一节　整体观察

目的
- 在用仪器测试之前获得基本的信息
- 寻找有助于鉴定的特征
- 估计所鉴定的样品可能为哪几种宝石

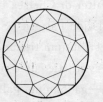

A. 颜色　宝石吸收、透过及反射不同波长的光产生的色彩、色调和浓度的综合。

　　1. 步骤

　　　①在白色的背景上使用顶光照明(反射光),台面朝上观察宝石表面,决不能用透射光来判断颜色。

　　　②用日光(各种波长混合得最均匀的光源),或与之等效的光。

　　注意:宝石(尤其是带有红色调的)在白炽灯下和在日光灯下所呈的颜色稍有不同。若无与日光灯等效的光源,就使用荧光灯管,判断宝石颜色时切勿从底部照明。

　　2. 描述

　　　①色彩　纯光谱色(如红色)。若有两种颜色,确定主要的和次要的颜色,用英文缩写表示。大写字母表示主色彩,小写字母表示次色彩(如 pR 表示紫红色 purplish Red)。

　　　②色调　很浅至很深(很浅、浅、中浅、中、较深、深、很深)。

　　3. 将色域色带记录为包体。

B. 透明度　宝石矿物透过光线的程度。

　　1. 步骤　用透射光来判断,使用强光源,如电筒笔、光纤冷光源等。

　　2. 分类

　　　①透明(Tp)　很容易透过光线,不变形或几乎不变形。

　　　②亚透明(STp)　可透过光线,但有些变形,透过宝石看到的景物略变模糊。

　　　③半透明(Tl)　透光困难,无法透视。

　　　④亚半透明(STl)　在宝石薄的边缘部位能透过少量光线。

⑤不透明（O）　不透光。

C. **琢型**　宝石的基本形态或式样。下面列出部分琢型。
1. 刻面型（Fac）　由抛光的平面组成宝石的表面。
2. 弧面型（Cab）　具有外凸的弧面：
   ①单型　弧面型的顶面与平底面。
   ②双型　弧面型的顶面及底面。
3. 混合型（Buff-top）　弧面型的顶面与刻面型底面。
4. 图章型（Tab）　表面平行的扁平体。
5. 浮雕（Cam）　略凸起于宝石表面的雕刻，一般以宝石上不同的颜色为背衬。
6. 凹雕（Int）　在宝石表面内做的雕刻。
7. 珠型（Bd）　中间钻有小孔的宝石。
8. 球型（Sph）　圆形无孔。
9. 随型（Tum）　不规则的或奇异的形状。抛光，但无人工造型。
10. 晶体原石（Ro）　不规则的天然晶形，表面未抛光。

D. **特殊光性**　某些宝石的变种在可见光下出现的光学效应。如果存在特殊光性，则是至关重要的鉴定特征，描述如下：
1. 星光效应（A）　由几组微小的定向针状包裹体对光的反射所产生的星光效应。弧面型宝石的星线为几条可移动的臂，或几条源自同一中心的白色射线。
2. 冰长石晕彩（Ad）　月光石奥长石所见的波状光。长石中的另一种颗粒微小的长石与主矿物之间的折射率略有不同，由此而引起的对光的散射作用以及伴有衍射与干涉作用产生晕彩。
3. 砂金效应（Av）　由小片状的包裹体或鳞片状的其他矿物对光的反射所产生的闪烁效应，见于金星石玻璃，石英砂金石，以及长石日光石。
4. 猫眼效应（C）　由一组微小的平行针状包裹体反射光线所产生的猫眼效应，金绿宝石猫眼最常见，或由内部结构产生，如虎睛石。
5. 变色效应（CC）　即宝石的颜色在日光下（或日光灯下）明显地不同于白炽灯下，是因为宝石对光的选择性吸收和透射所致。金绿宝石变石最显著。
6. 晕彩效应（I）　宝石内部或表面呈现出光谱色。产生原因是宝石材料内部的薄层或气泡将白光分解成光谱色，该效应类似水面上的油膜。见于虹彩石英、火玛瑙及虹彩玛瑙。
7. 拉长石晕彩（L）　由于拉长石内部很薄的双晶结构层对光产生的干涉作用，以及伴有的散射作用，致使拉长石表面显示宽带状彩色闪光。
8. 珍珠光彩（O）　珍珠或养殖珍珠，珍珠母贝表面或紧贴表面层所见的虹彩，因珍珠表面的鳞片状结构将光分解为光谱色而产生。
9. 变彩效应（P）　由欧泊中二氧化硅球粒和空隙使光线产生干涉和衍射作用，导致欧泊闪显多种复杂的色彩。

E. **光泽**　宝石表面对光线的反射特征强度和亮度来定义。
1. 用反射光。
2. 判断、检查抛光的、粗糙的及断口的表面。
3. 无论琢型宝石、断口或原石，都将其光泽分为高（high）、中（medium）、低

(low)。
4. 记录所有可见的光晕（sheen）。

注意：光泽可反映硬度或折射率。

①高

 金属光泽 反射光似金属或镜面，为最强的光泽。

 金刚光泽 反射光很强烈，似抛光好的金刚石，是透明宝石最强的光泽，必须具有高折射率（大于1.80）

 亚金刚光泽 反射光强烈，但弱于金刚光泽，必须具有较高的折射率。如立方氧化锆、翠榴石。

②中

 玻璃光泽 似玻璃光泽，是透明宝石最常见的光泽。

 亚玻璃光泽 介于玻璃光泽与油脂光泽之间。

③低

 油脂光泽 如油脂的外表，反射光明亮但不强烈，常见于玉石。

 树脂光泽 反射光清晰，但不强烈，不明亮。见琥珀。

 蜡状光泽 反射光弱且钝，类似于蜡烛或未抛光的指甲的光泽。

 无光泽 反射光很微弱，常见于抛光不良、未抛光或磨损的宝石。

④光晕（sheen）

 丝绢辉光 反射光明亮但分散，由纤维或特殊结构产生的光辉类似于丝绢。

 珍珠辉光 由于特殊结构所产生的光辉，常见于珍珠、未加工的月光石。

F. **色散** 白光分解成光谱色

1. 使用强点光源照射宝石，如电筒笔。
2. 将色散分为弱、中、强、极强。

除钻石外，个别宝石色散极易见，这在宝石鉴定，尤其仿钻鉴别中极为重要。例如：钛酸锶——色散极强；钇铝榴石——色散弱。

G. **掂重** 相对于宝石的大小掂其重（通常靠感觉），以估计其相对密度。

1. 根据掂重，分为：①重的；②中等的；③轻的。
2. 掂重量有助于鉴定相对密度很低的材料（例如：琥珀、塑料等），以及相对密度很高的材料（如赤铁矿、钇镓榴石）。

H. **拼合石** 两个或两个以上单个宝石材料粘合或熔接在一起，组成一个整体。拼合石各部分可以是天然、合成或人造的宝石材料。

注意所有能确定拼合石的肉眼可见的特征。例如：

1. 接合面。
2. 光泽差异（确定石榴石与玻璃组成的二层石）。
3. 红圈效应（Red Ring Effect）（确定石榴石与玻璃组成的二层石）。
4. 手电笔透射腰部见无色腰围平面（三层石）。

注意：检测拼合石放大检查很必要（见第二节放大检查，拼合石）。

第二节 放大检查

目的
- 寻找包裹体
- 检测出裂隙或易遭损害的脆弱区
- 区别天然宝石与人造材料
- 检测人工处理
- 鉴定断口和解理
- 寻找有无双折线，以确定宝石是单折射还是双折射，并估计双折率

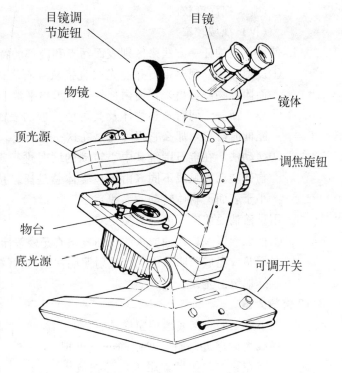

A. 双目显微镜

显微镜对焦

1. 打开底光源，推上挡光板和缩小虹膜锁光圈。10倍放大观察，将焦距聚于视域中心的锁光圈上。多数宝石显微镜这时不需用左目镜调节旋钮，只通过右侧的不可调目镜观察。或取下左目镜，睁开双眼观察。
2. 调节调焦旋钮，仅用右眼调节显微镜焦距。然后不要再动调焦旋钮，直到调好另一个目镜为止。
3. 仅用左眼，调节左边目镜上的目镜调节旋钮。然后再次睁开双眼观察，可能仍需移动另一个目镜。
4. 睁开双眼检查所调焦距是否合适，直至能够清楚地观察宝石为止。所见到的宝石图像应该清晰且呈三维立体，若不是，请重复上述步骤。

显微镜操作

1. 用不起毛的布擦净样品。
2. 用低倍镜全面观察宝石以获得一个整体印象。
   ①观察宝石的总体对称性，这或许能判断它是天然还是人造的宝石。
   ②观察耐久性问题，例如断口、裂隙等。
3. 逐渐加大放大率。
   ①寻找裂隙、断口光泽和解理（注意：太高的放大率可能会导致对裂隙的错误解释，例如：将无光泽的贝壳状断口误认为粒状断口）。
   ②试图依据宝石中的包裹体确定是人造的或是天然的宝石（注意：放大率过高则不易观察包裹体的分布特征）。
   ③寻找拼合石的特征，例如接合面，冠部与底部的包裹体不同，或气泡仅分布在一

个平面上等。

④注意使用较高放大倍数的局限性：

（ⅰ）对宝石的照明更为困难；

（ⅱ）显微镜的工作距离较短；

（ⅲ）视深度较浅；

（ⅳ）视域较窄。

4. 使用下面的任一方法来区别表面污点和内部的特征。

①反射光法　观察宝石并使光线直接从宝石表面反射回来。在这种直接照明下，表面附着物凸显出来，而内部特征显示出平滑的镜面反射。

②焦平面法　同时观察物体及其可能附着的表面，如果该物体和表面的大部分视域能同时对焦，那么它很可能是在这一表面上。

③摆动法　在宝石围绕其中心转动的同时进行观察，其表面以下的物体与表面上的物体转动的弧线不同（由于包裹体总是比较接近于转动轴，因此它转动的弧线要小于表面上物体转动的弧线）。

5. 用重液油浸使宝石内部更易观察。

①把二碘甲烷、甘油或水注入油浸槽直至浸没宝石，以减弱反射和折射。

②用暗或亮域照明（也见于散射照明法），油浸槽下垫一张散射板或面巾纸，以便更好地散射光线。

B. 10 倍放大镜

1. 用不起毛的布彻底地擦净样品。
2. 将放大镜靠近眼睛，双眼睁开，可把手靠在脸上，如果戴眼镜，可把放大镜挨着眼镜。
3. 用手指或宝石夹或镊子把宝石放置到大约与放大镜相距一英寸的位置。把持放大镜的手的小指头抵在持着样品的手上。

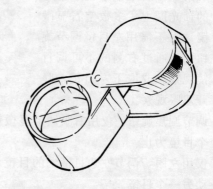

4. 用旁侧光以及无反射的暗背景观察。并使光线射到样品上，但放大镜上不能有光。
5. 首先观察宝石的表面特征，然后再把焦点集中至内部寻找包裹体、重影及其他特征。

C. 照明方式

1. 暗域照明法　用侧光照明，并以无反射的黑域为背景（挡光板），使包裹体在暗背景下明亮、醒目地显示出来。这是宝石学中最常用的照明方法。

暗域照明法

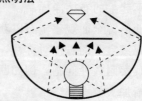

2. 亮域照明法　打开挡光板，使宝石由其背后的光源直接照明（光圈常缩得很小），使包裹体在明亮的背景下呈黑色影象醒目地显示出来。这是观察弯曲条纹或其他低突起的包裹体的有效方法。（见以下点光照明、散射照明和遮掩法照明）

亮域照明法

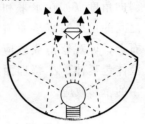

3. 垂直照明法　从样品的上方照明，可在反射光中观察样品的表面。

垂直照明法

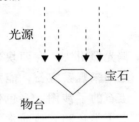

4. 点光照明法　打开挡光板，通过锁光圈使光源缩成小点并直接从宝石的背后照明，使得弯曲条纹和其他结构更易于观察。

点光照明法

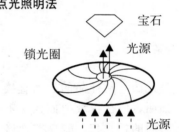

5. 散射照明法　打开挡光板，直接从宝石的背后照明，但在光源之上放置散射板、面巾纸或其他半透明材料，使光线更为柔和及散射，有助于对色环和色带的观察。

散射照明法

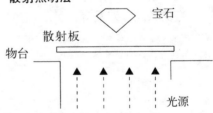

6. 水平照明法　在宝石的侧面用细光束照射，从宝石的上方进行观察。使针点状的晶体、包裹体和气泡呈明亮的影象而十分醒目。

水平照明法

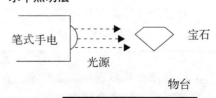

7. 斜向照明法 细光束从某一斜向角度（如在水平和垂直之间的角度）直接照射到宝石上，可观察薄膜效应，如液体包裹体、小解理面等产生的晕彩效应。

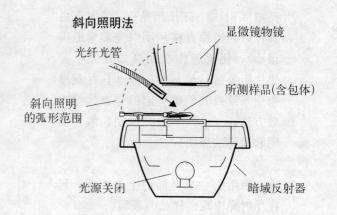

8. 偏光照明法 在两块偏光片之间来观察宝石，能观察到宝石的干涉图、多色性，应变干涉色和其他通常用偏光镜观察的现象。

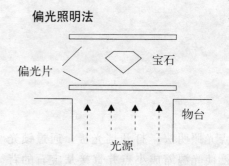

9. 遮掩法 从样品的后面直接照明，但在视域中插入一不透明的挡光板，能显著地增加包裹体的三度空间感，并且有助于确定生长结构，如弯曲条纹、双晶等。

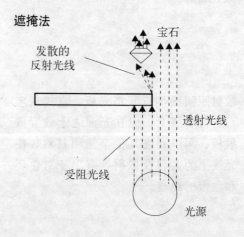

D. 观察双折线

1. 10倍放大镜下观察，寻找双影时用恒定的放大率。透过样品看其对面，查找面棱、包裹体、擦痕等的双影。

注意：不应通过面棱观察。勿将在样品两边都出现的面棱影像与真正的双影混同。

2. 至少要从三个不同的方向观察，避免正好沿光轴方向（双折射宝石的单折射方向）观察。
3. 证实任何双影现象。在样品上方转动偏光片90°以上，任何双影在偏光片转动时都会向前或向后略微移动。

E. 确定断口和解理

1. 用顶光源照明，观察宝石表面、检查腰棱底尖等易破损处。

2. 断裂类型及断裂面光泽。断裂分三种类型：
   ①断口　任何不沿解理方向或双晶纹的断裂。
   ②解理　平行于宝石晶格中原子键合力弱的方向裂开成平面。常呈平行阶梯状，平滑裂面或不规则断口。
   ③裂理　沿双晶结合处裂开成平面。
3. 断裂面类型：
   ①贝壳状断口　贝壳状、平滑、弯曲，常具有同心环状突脊，是透明单晶宝石材料及玻璃最常出现的断口类型。
   注意：多晶集合体材料不出现玻璃似的贝壳状断口，这由其粒状结构所决定。但个别集合体见贝壳状断口表面，但无光泽。
   ②平滑断口　次贝壳状断口。平滑的平面状破裂面，轮廓不清晰。有时与解理相似，但无阶梯状的破裂面。
   ③粒状断口　糖粒状的外观，细粒或粗粒状的断口。通常为结晶集合体所具有。
   ④参差状断口　纤维状的外观，类似于木头上具有木纹的破裂面。
   ⑤阶梯状断口　沿多重解理方向裂开的断裂面类型。常见于解理发育的宝石材料中。
   ⑥不平整状断口　粗糙的、不规则的破裂面，比粒状断口更粗糙。
   注意：如果不能确定内部断裂面是解理还是裂理，则称其为羽状体。

第三节　折射仪

用途
测定：
· 折射率
· 双折率
· 光性特征（单折射、双折射）
· 光性符号

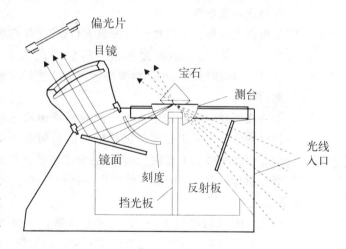

A. 注意事项及局限性

1. ①折射油中含二碘甲烷和硫，操作不当会有危险。建议使用外科手套，并在实验结束后洗手。孕妇勿接触折射油。确保工作环境通风良好。用毕折射油后需拧紧瓶盖。学习《宝石鉴定作业10》及关于折射油的使用指导。
   ②用手小心将宝石放上或拿下半圆柱体测台。测台极易被刻划，因而不要用镊子。
   ③如果折射油挥发，并结晶成硫化物晶体，应使用更多折射油或纯亚钾基碘使其溶解。不要硬擦去硫化物晶体，这样易划伤测台。
   ④如果所测样品固结在半圆柱体测台上，在样品周围加折射油或纯亚钾基碘使之溶解，然后小心地取下样品，并清洁宝石及测台。
   ⑤若折射仪闲置一个月以上，应在测台上涂一层凡士林油以免生锈。

⑥折射率读数的精度和可靠性取决于：
- （ⅰ）样品的抛光质量；
- （ⅱ）抛光刻面的平整程度；
- （ⅲ）样品的清洁程度；
- （ⅳ）测台状况。

注意：氧化铈粉用水调和，手工抛光可除锈，但不能除去擦痕或凹坑。如果测台已遍布擦痕和凹坑，则需更换。

2. 测台刻度的标定　用已知折射率的样品来校准，可用折射率为1.54的石英单晶。
3. 所用的光源类型　使用折射仪的光源，若条件允许，先用白光，然后转至单色光。

注意：顶部及周围的光使折射率读数困难，因此需关上折射仪的盖子。

4. 接触液的用量　先滴针头大小的一小滴。接触液太多使读数模糊或使样品浮在测台上。如果可见光谱色或读数困难，就用手拿起样品，并擦干净测台。图像不完整说明接触液太少，拿起样品加折射油再测。

B. 前提条件

1. 只要有一抛光的平面、曲面或不规则面的任何样品（包括不透明的）都可以测定折射率。在其他条件相同的情况下，抛光越好，折射率的读数越精确。
2. 可测得的折射率下限值大约为1.35；上限值（取决于接触液的折射率）大约为1.80或1.81。

C. 测定平面折射率步骤

1. 选用最大且抛光最好的刻面。
2. 将待测刻面擦净。
3. 先用白光光源，不需放大（即取下目镜）。并在折射仪的金属台上滴上一小滴接触液（折射率通常为1.80或1.81）。即使样品很小，也要确保无多余接触液溢绕所测刻面。

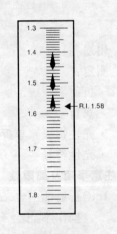

4. 把待测面轻轻放在该油滴上，然后慢慢地移至半圆柱体测台的中心（可能必须依据接触油的折射率而将宝石在中心位置略微上下移动）。若样品为橄榄型、马眼型、梨型或祖母绿型，则使其长轴方向与测台的长轴方向平行。

注意：绝不要用镊子。

5. 在大约距折射仪隔10~12英寸处观察，并将头上下移动，寻找与半圆柱测台接触的宝石轮廓的影像。
6. 观察宝石的影像及来自目标尺上端（低数值端）的绿色暗边，绿色阴影的高数值边即为所测折射率的近似值。
7. 当绿色阴影已位于宝石的影像内时，放上目镜。阴影边将变为蓝-绿色的窄带。其宽度大约为测尺的两个刻度。读出折射率值，精确到百分位（0.01）。
8. 若条件允许，换上单色光源使读数更精确，此时折射率以一灰色窄线或阴影边出现，估测该折射率使之精确到千分位（0.001）。

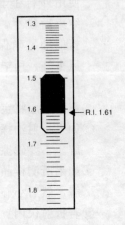

D. 观察双折射，测定单折射或双折射

1. 确定单折射或双折射。单色光源下使用放大目镜和偏光片，取阴影边为折射率。
2. 将偏光片置于目镜上，并来回转动90°。如果灰色阴影窄边来回移动，则记下两边读数。
3. 转动宝石45°记下读数，再转动45°记下读数，依此类推，直至180°。
4. 计算双折率。双折率是转动宝石180°时，任一刻面的折射率最高值与最低值之差。即由高值折射率的最高值减去低值折射率的最低值。

注意：所测样品若为二轴晶，则最大与最小读数不可能在样品相对于测台的某一个位置同时测得。

5. 最大双折射率可依据测台上的双折射样品的任一刻面在转动180°的过程中测得。如果宝石的光轴与所测的刻面垂直，那么在180°间的每对读数都是最大双折射率。

注意：出现双折率证明宝石为双折射宝石，但没出现双折率不能证明双折射或单折射宝石，需再用其他检测方法测定。

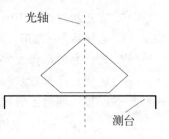

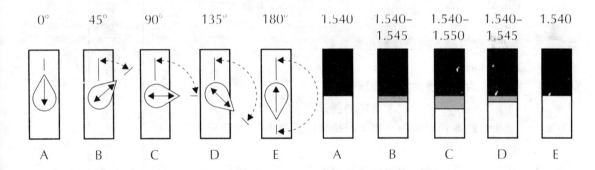

E. 注意事项

1. 在测台上将样品转动180°，单折射宝石仅出现一个恒定的折射率值。
2. 双折射宝石在除光轴外的任意方向都出现两个折射率值。
3. 折射率超过折射仪极限（大于1.80）的样品：在1.80读数附近可见阴影或光谱色影（应用白光且无需放大设备）。

注意：光谱色并不能证明样品折射率是大于1.80的，它还可能由过多的接触液，不完全平整的刻面或上部光源的散射引起。而且任何一种折射率大于1.70的样品均可呈光谱色。

4. 在使用白光且不放大的情况下测定折射率时，可见红色石榴石冠部所反射的红光。该红色反射光来自影像的底部，称之为"红旗效应"。

注意：如果石榴石冠部非常薄，则还可以测到另一个相当于玻璃的低折射率，或只能测到玻璃的折射率。

5. 某些集合体或岩石：某一样品表面的抛光可能很差（如青金石），也可能经过雕琢，因此其表面呈凹痕或不规则状。用略过量的接触液来填充，能较好地弥补这些凹痕。
6. 由不完全平滑的刻面或过量的接触液可引起的光学扭曲，称为视差。其特征是折射

率在标尺刻度间摆动。取这些变化读数的平均值为所测折射率值。

注意：切不可把视差与双折率相混淆。若在测定双折率时有视差出现，在旋转偏光片及样品时，观察者应保持头部不动。

F. 点测法测定弧面的折射率

1. 用抛光最佳部位测试。
2. 用白光，不放大（取下目镜）。
3. 在折射仪的金属部位滴一小滴接触液。
4. 将待测面沾上接触液，并慢慢地将样品置于测台中央。
5. 在距折射仪约 10～12 英寸处观察。
6. 若样品为椭圆形，则使其长轴方向与测台的长轴方向平行。
7. 若样品的影像太大（可能出现这种现象），则：

   ①将样品垂直拿起。

   ②擦去测台上的接触液，把样品在折射仪的金属部位上沾一下，以减少样品上的接触液。

   ③再将样品置于测台中心。

   ④重复①～③步骤，直至点状影像的大小约覆盖 2～3 个刻度。

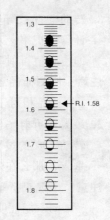

8. 寻找下列三种点测法读数中的任意一种：

   ①50/50 法

   （ⅰ）为最精确的点测法读数。

   （ⅱ）通常可见于抛光良好的测试表面。

   （ⅲ）取点状影像为半明半暗位置时的读数为所测折射率。

   （ⅳ）注意：绿色阴影可从测尺的下端向上端延伸——弧型表面能使影像倒置。

   ②明暗法

   （ⅰ）其精确度仅次于 50/50 法。

   （ⅱ）取点状影像急剧地由亮转暗位置的刻度为所测折射率。

   ③均值法

   （ⅰ）为精确度最差的点测法读数。

   （ⅱ）通常用于抛光不好，或稍有凹凸不平的测试表面或接触油过多等情况。

   （ⅲ）点状影像的亮度在测尺的某一区间内逐渐变化，取最后一个全暗影像与头一个全亮影像的读数的平均值为所测折射率。

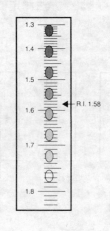

9. 超过折射率极限（大于 1.80）的样品，其点状影像在测尺上的 1.80 或 1.81 以下刻度上全是暗的，或可呈光谱色。

注意事项及局限性

1. 过多的接触液会使所测点影像过大或产生暗色环（还可产生弯曲的阴影截止边）。

2. 应十分小心地将样品放上测台。
3. 在用点测法前，务必查看蛋面型样品的底部是否有抛光的平面，因为平面阴影截止边的读数总是比点测法更为精确。允许点测法有上下 0.02 的误差。另外注意：蛋面型易产生视差。

G. 闪烁法测双折率

1. 用途：测试具有高双折率，或抛光不良的样品（硬度较低的材料有时抛光不良），通常点测法或平刻面法无法测出它们的折射率。适用材料如下：
   ① 碳酸盐类（如：珍珠、贝壳、方解石、孔雀石、菱锰矿等）。
   ② 也可用于具有中至高双折率的非碳酸盐材料（如橄榄石、透辉石、电气石等）。

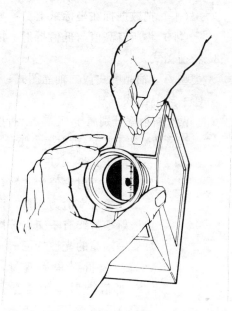

2. 步骤
   ① 用白光，不放大（取下目镜）。
   ② 用大小为 3~4 个刻度的点状影像。
   ③ 按曲面点测法的一般操作步骤进行操作。
   ④ 将偏光片在目镜上方来回转动 90°，但勿将偏光片直接放在镜片上。
   注意：高双折率材料的反应：
   （ⅰ）点状影像由红变绿地闪烁，或
   （ⅱ）点状影像由亮变暗地闪烁。
   ⑤ 记录点状影像在测尺上部（低数值端）开始闪烁的位置和下部（高数值端）停止闪烁的位置。
   ⑥ 把高值减去低值，即为双折率的估计值。
   注意：由亮变暗的不规则闪烁可因许多的原因所致，但是这种异常闪烁并不固定在标尺的某一范围内，而且这种异常闪烁在整个标尺上均会出现。

3. 注意事项
   ① 所有在平刻面测定法和曲面点测法下所列出的注意事项均适用于闪烁法测双折率。
   ② 所得到的双折率值仅是估计值，它不可能提供精确值。但可以证实样品的双折率特征（如常用于区别碳酸盐与非碳酸盐材料）。
   注意：这一方法亦可用于平刻面。

H. 测定光性和光符（图解法）

1. 条件：待测的双折射样品必须具有相当大的、抛光良好的平刻面。
2. 步骤
   ① 用单色光且放大（即用目镜）。
   ② 将宝石的长轴与测台的长轴平行放置于测台中央。
   ③ 转动目镜上的偏光片，读出并记下两个折射率读数。
   注意：在未将所有的数值测定之前不要作图。
   ④ 将宝石转动 15°，并重复第③步。
   注意：当正好测定的是光轴方向时，只能得到一个折射率值。

⑤继续按上述步骤操作直至样品在测台上转过180°。
⑥将所得到的13对读数作图：
（ⅰ）把数据标在坐标纸上。
（ⅱ）将所有高值与低值折射率读数分别连接起来。

3. 特征图式
   类型：一轴晶图式；二轴晶图式；光性和光符未定。
   ①一轴晶图式
   两个折射率分别属于：正常光（折射率为常数）、非正常光（折射率为变量）。
   （ⅰ）一轴晶正光性（U+）

   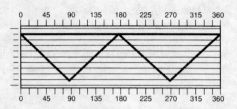
   U+

   (a) 一个折射率值为常数，另一折射率值为变量，两折射率折线有一交点，即为一轴晶的光性特征。
   (b) 高值折射率为变量，而低值折射率为常数，即为正光性。

   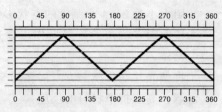
   U+

   （ⅱ）一轴晶负光性（U−）
   (a) 一个折射率值为常数，另一折射率值为变量，两折射率折线有一交点，即为一轴晶的光性特征。

   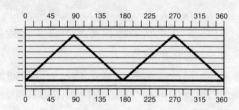
   U-

   (b) 低值折射率为变量，而高值折射率为常数，即为负光性。
   注意：只有当宝石的光轴与被测面平行时，才出现上述（ⅰ）和（ⅱ）图式。

   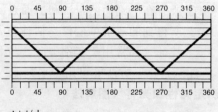
   U-

   （ⅲ）一轴晶，但光符未定（U i/d）
   (a) 两个折射率均为常数：一轴晶的光性特征。
   (b) 两折射率的折线无交点：光性符号不能确定。

   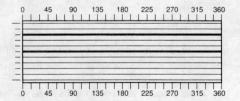
   U i/d

   (c) 这种图式是因样品的光轴与其被测平面垂直所致。
   (d) 如果必须测出光符，则需测定另一刻面。因为样品已被确定为一轴晶，所以可以简单地在另一刻面上测出哪一折射率为变量，哪一折射率为常量，即可得知其光符。

注意："光符未定"与"无光符"是不同的（见二轴晶图式）。

② 二轴晶图式

三个主折射率分别属于：

α（低值折射率）

β（中值折射率）

γ（高值折射率）

（ⅰ）二轴晶正光性（B+）

(a) 两折射率均为变量：二轴晶的光性特征。

(b) β值可由α与γ的值来确定。

(c) β较接近于α为正光性。

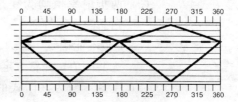

B+

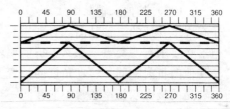

B+

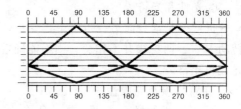

B-

（ⅱ）二轴晶负光性（B−）

(a) 两折射率值为变量：二轴晶的光性特征。

(b) β值可由α与γ的值来确定。

(c) β接近γ：则为负光性。

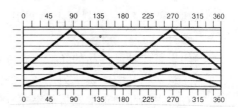

B-

（ⅲ）二轴晶无光符（B w/o）

(a) 两折射率值均为变量：二轴晶的光性特征。

(b) 可以确定β值。

(c) β值与α及γ值等距：无光符。

(d) 这种图式很少见（仅当2V角为90°时才出现）。

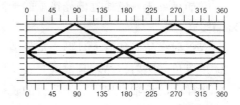

B w/o

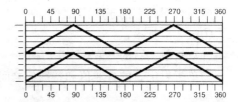

B w/o

（ⅳ）二轴晶，光符未定（B i/d）

(a) 两折射率值均为变量：二轴晶的光性特征。

(b) β 值不能确定，因为 α 与 γ 无共同值，光符未定。

(c) 注意：因为该图式的两折射率均为变量，所以它不可能在一轴晶中出现。

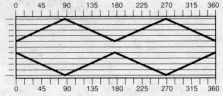

（Ⅴ）其他二轴晶图式。

还有许多其他的二轴晶图式，如果 β 为一常量，但不必要求有一交点，那么，折射率就不一定位于其他两折射率同一转动角度的位置上。总之，二轴晶的最大双折率通常不能在同一转动角度上测得。

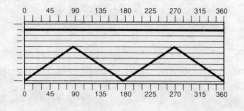

③光性和光符未定

一折射率是常数而另一折射率是变量，但样品转动 180°，两折线并不相交，则不能确定样品的光性和光符。

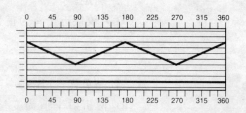

4. 注意事项及局限性

①对双折射样品来说，若样品旋转适当，可在任一侧面上测得最大双折率，但却不能在每一个刻面上测得其光性和光符。

②如果某二轴晶样品的光性为非寻常的正或负（即 β 与 α 或 γ 仅差 0.001 或 0.002），注意勿将其图式误认为一轴晶的图式。

③有时一轴晶的正常光折射率亦有波动，注意勿将其图式误认为是二轴晶的图式。

④若不能确定测试结果，则勿依此作出结论。

⑤如果可能，应通过偏光镜下的干涉图来证实所测得的光性特征（见下一节）。

I. 观测图式

1. 双折射样品必须有大且抛光良好的刻面，且遵循上述所有注意事项。
2. 用单色光照射样品，且放大观察（用目镜）。
3. 将样品的长轴方向平行于测台的长轴方向放置。
4. 在目镜上加偏光片，可同时看到两个折射值。但可能需要稍稍转动测台上的样品。
5. 将样品在测台上缓缓转动 180°，观察两个折射率读数的移动情况。

快速观察图式有助于测出：

①最大双折率；

②双折射宝石的 β 值；

③单折射宝石的普通值和特殊值之间的接触值。

第四节 偏光镜

用途
- 测定光性（单折射、双折射、不消光、异常双折射）
- 解析干涉图（一轴晶及二轴晶）
- 检查多色性

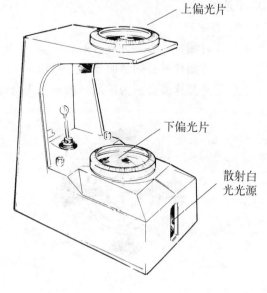

A. 测定光性

1. 定性测试

   ① 首先使偏光镜视域处于黑暗状态（正交偏光）。

   ② 将待测样品置于下偏光片上或置于两偏光片之间。

   ③ 观察样品在两偏光片间转动 360° 时的变化，如果样品呈：

   （ⅰ）全黑，则为单折射。

   （ⅱ）全亮，则为不消光。

   （ⅲ）由亮变黑，则表明为双折射或异常双折射。

   （ⅳ）蛇状带、铁十字（无色环）、格状或其他不规则的明暗变化，则为异常双折射。

   ④ 如果所测样品为单折射或不消光，则无需进行验证测试；如果所测样品为双折射或异常双折射，则必须进一步作验证性测试。

2. 验证性测试

   ① 使用偏光镜在暗视域位置的情况下，将宝石放在测试台上，用黑色板或手指遮去下偏光片的大部分照明光线。

   ② 偏光镜仍在暗视域位置时，将宝石旋转至最亮的位置。

   ③ 迅速将上偏光片转至亮域位置，并在此过程中观察宝石的最亮的区域：

   （ⅰ）若宝石变得明显更亮，则为异常双折射（单折射）。

   （ⅱ）如宝石亮度保持不变或变暗，则为双折射。

3. 注意事项及局限性

   ① 不要用偏光镜测试不透明或接近不透明的样品。

   ② 至少要从三个不同方向对待测样品进行检测，以避免仅得到样品光轴方向的测试结果。

   ③ 具高折射率（如大于 1.80）的宝石可能会对测试结果产生误导，所以不能仅仅用偏光镜来测定这一类型宝石的双折射或单折射，应用放大镜和偏光片来检测是否具有重影现象。

   ④ 某些单折射的宝石（如石榴石、玻璃、欧泊和琥珀）可呈现几乎所有类型的偏光现象。应检查双折率、多色性或重影来确定其单折射或双折射性质。

⑤考虑宝石的琢型或形状。勿将圆明亮型宝石的平面朝下进行测试;很小的样品也很难测试分析。
⑥考虑样品材料的净度。包裹体、裂缝及应力纹几乎可导致任何的偏光反应。
⑦考虑样品颜色。检测红、橙和紫色样品时可能得出错误结论,因而必须用二色镜进一步检测。许多红色单折射的宝石(如石榴石)在偏光镜下可呈假偏光反应。
⑧考虑样品的材料。一些双折射宝石(如长石、石英集合体等),在偏光镜下不消光。

B. 干涉图

1. 要求
   ①待测样品必须为双折射。
   ②待测样品必须透明或近于透明。
   ③待测样品必须为单晶(而不是集合体)。

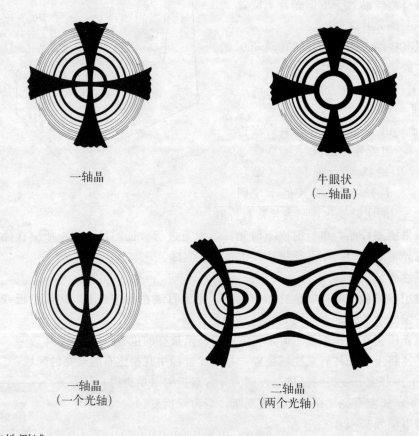

一轴晶

牛眼状
(一轴晶)

一轴晶
(一个光轴)

二轴晶
(两个光轴)

2. 定性测试
   ①首先将偏光镜转至暗视域位置(正交偏光)。
   ②把折射仪的目镜倒置于上偏光镜之上,以减小放大倍数。
   ③手持样品转动寻找光轴方向,小样品可以用镊子夹。下列任一方法都有助于找到光轴方向。
   ④寻找干涉色,如果有干涉色,则把干涉球置于干涉色最浓集的位置上。
   注意:如果在某一方向观察到干涉色,还可以将宝石转动180°在与之相反的方向上找到干涉色。一轴晶宝石则有两个方向可见到清晰的干涉色,而二轴晶宝石

则有四个这种方向。

⑤试用帚光技术（常为二轴晶所需）：确定宝石的消光（阴暗变化）图式的位置，旋转宝石直至能观察到暗色消光帚的窄端（可能看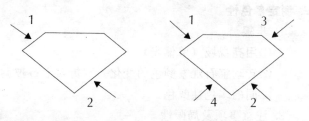
到干涉色）。把干涉球置于暗光帚窄端上以显示出干涉图。（对于有些双折射宝石，这是惟一找到光性图的方法。）

⑥如果看不到干涉色和暗色消光帚：

（ⅰ）则转动宝石，使干涉球与宝石的每一个部位接触。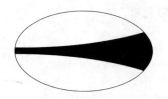
这样即使没有先找到宝石的光轴方向的特征，也可观察到干涉图。

（ⅱ）还可以在干涉球上滴一滴水或重液，或把样品浸入充满水或重液的油浸槽内。液体减少了样品的表面折射和内反射，从而使干涉图更易确定。

3. 验证性测试

当宝石因裂隙仅显示出部分干涉图时需作验证性测试（如二轴晶干涉图的一半或一轴晶干涉图的四分之一）。

①在正交偏光下，确定部分干涉图的位置。

②将宝石绕其光轴转动。

注意：应保证在平行其光轴的方向上转动和观察。

③其结果可解释如下：

（ⅰ）如消光帚运动的方向与样品转动方向相反，则为二轴晶。

（ⅱ）如消光帚保持不动，则为一轴晶。

4. 注意事项及局限性

①只有沿平行于光轴的方向观察，验证性测试才可信。

②某些 2V 角小的二轴晶宝石由于呈假一轴晶干涉图，故无法进行验证性测试（如透长石和柱晶石）。

③某些一轴晶干涉图有变形的趋向，不要把它与 2V 角很小的二轴晶干涉图相混淆。

④某些一轴晶样品呈异常干涉图，是因晶体结构遭到破坏所致（如低型锆石）。

⑤有些双晶宝石，如双晶刚玉，可显示变形的一轴晶干涉图。

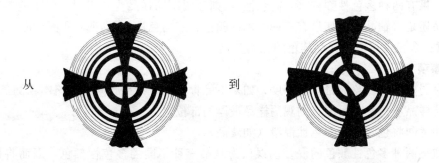

从　　　　　　　　　到

C. 测定多色性

1. 步骤
   ① 用亮视域（单偏光）。
   ② 转动宝石观察颜色的变化。双折射宝石被调到合适的位置时，每旋转 90° 即可见不同的多色性颜色。
2. 注意事项及局限性
   ① 多色性颜色不像用二色镜那样可从劈缝两边同时观察。
   ② 应在样品的几个不同方向进行检测，确保晶体的各个方向都能看到。
   ③ 忽略色带。

第五节 二色镜

用途
- 检测多色性
- 测单折射或是双折射

A. 前提条件
1. 待测样品必须具有适度的颜色。
2. 待测样品必须为双折射。
3. 待测样品必须透明（或近于透明）。
4. 待测样品必须是单晶（而不是集合体）。

B. 步骤与结果
1. 用强烈的白光光源透射样品，并将待测样品置于距光源 1/4 英寸处。
2. 将二色镜置于距待测样品 1/4 英寸处。
3. 在距二色镜 1/4 英寸处进行观察。
4. 边观察边转动二色镜。多色性宝石当二色镜转动 90°，劈缝两边的颜色应该互换。

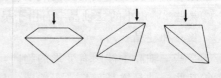

5. 至少应从三个不同的方向来观察以避免沿光轴方向。
6. 如果有两种多色性颜色（双向色性），则证明所测样品为双折射，但不能确定是一轴晶还是二轴晶；但如果有三种多色性颜色（三向色性），则证明所测样品是二轴晶。

注意：多色性可能是样品体色的色调变化。

C. 注意事项
1. 对弱多色性现象应持怀疑态度，如果不能肯定测试结果，则应忽略本项测试。
2. 若样品不是颜色很深，则观测样品最厚的部位。
3. 注意勿将色带区与多色性混淆（如紫晶）。
4. 勿将两种多色性颜色的混合色误认为是第三种不同的多色性颜色，因而将样品误认为三向色性。三向色性需确保第三种颜色明显不同于其他两种。
5. 仅用透射光,确保勿让样品刻面的反射光线进入二色镜。
6. 勿使用偏光光源。

注意:荧光灯灯管边缘的光线是部分偏光,灯管中央的光线是正常光。

7. 勿把样品直接放在光源上,因其产生的光源的热量能改变样品的多色性。
8. 有时在二色镜中可见到一半无色、一半灰色的影象,勿将此现象与多色性混同。

第六节 紫外荧光测试仪

用途
- 检测荧光和磷光的特征
- 检测某些宝石中的油剂或染料

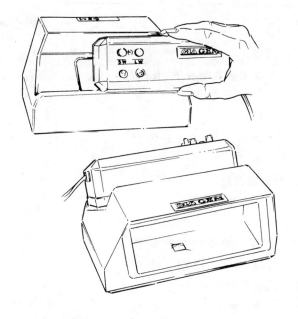

A. 步骤和结果

1. 清洗待测样品(护皮油、纤维等会发出荧光)。
2. 样品置于无反射的黑色背景上放置于黑暗环境中,并让眼睛在黑暗的环境中适应几分钟,这有助于发现弱的荧光现象。
3. 将紫外光源尽可能地靠近样品。
4. 要从几个不同的方向检测样品,用内装防护镜的仪器,或戴防护眼镜或使用滤色片。若样品发光则具有荧光性,若不发光,则为惰性。若关掉紫外灯后,样品仍继续发光,则具有磷光。
5. 记录观察情况:
   ①所用紫外线光源的类型:长波(LW)或短波(SW)。
   ②样品的荧光反应强度:惰性、弱(W)、中(M)、强(S)。
   ③荧光的颜色,以及其他外观现象(如白垩状蓝色)。
   ④是否有磷光。

B. 注意事项及局限性

1. 切勿直视短波紫外光,其辐射会严重烧伤眼睛,甚至致盲。切勿直射皮肤,测试样品时切勿用手将样品拿到短波紫外光下,暴露于紫外光下会伤害皮肤。
2. 在判断荧光时应考虑样品的透明度——透明样品与不透明样品的荧光有所不同。
3. 勿将反射光与紫外荧光混淆。紫外荧光常放射出少量略带红色的、紫罗兰色的光线,经样品的表面反射,可能看上去像淡红到紫色荧光。
4. 谨慎对待发弱荧光的宝石。真正的荧光是从样品内部发出的。
5. 由于化学杂质、外来混入物质、结构上的应变等原因,同类宝石不同样品的荧光可能不同。有些宝石有斑块条带状荧光，或仅某一部分发荧光（如：某些浸油祖母绿中的油剂，青金石中的方解石包裹体）。
6. 荧光测试仅为辅助性测试，不能得出鉴定结论。

第七节　其他仪器的操作及测试步骤

本节重点是珠宝鉴定中其他的及进一步的测试方法，划分为如下几点：
1. 仅用于特定品种。
2. 根据不同的种类样品，测试结果及因而得出的结论可能大不相同。
3. 破坏性检测。

一、分光镜

用途
- 观察吸收与反射光谱
- 检测某些人工染色处理
- 确定某些宝石的色素体

A. 分光镜类型

两种基本类型：

棱镜式——将光谱色不均匀传播，使色谱的紫端扩大，红端压缩。适用于手持式分光镜和台式分光镜。

衍射光栅式——能把白光从紫端到红端均匀地分解成光谱色。常用于手持式分光镜。

1. 透射法
①适用于透明至半透明的样品。
②关闭锁光圈，将样品置于锁光圈上。
③据样品的大小调节锁光圈开孔。
注意：只让透过样品的光线进入分光镜。
④通过变阻开关调节光源的强度，通过聚光镜调节光源的焦距：
（ⅰ）浅色宝石用低强度。
（ⅱ）深色或半透明宝石用高强度。
⑤完全闭合分光镜的狭缝，然后慢慢打开，直至能见到完整的光谱：
（ⅰ）观察透明的样品时，狭缝要几乎完全闭合。
（ⅱ）观察半透明的样品，或紫色和蓝色波段的吸收时，狭缝要开得较大。
注意：通常在狭缝刚刚开始打开的瞬间最易观察吸收光谱。

⑥调节滑管以使光谱准焦：
（ⅰ）滑管向上推，即缩短时，蓝端的吸收谱较为清晰。
（ⅱ）滑管向下推时，红端的吸收谱较为清晰。
⑦调节激光刻度滑管使刻度尺准焦。
⑧从不同方向观察样品，以寻找最大吸收光谱（使用宝石夹更容易操作）。

2. 内反射法

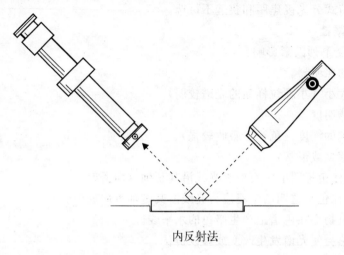

内反射法

①适用于颜色很浅的或很小的透明样品。
②将宝石的顶平面朝下放置在锁光圈上。
③将光线从样品的斜上方的某一位置射入，并使之从平面的内表面在宝石的另一侧反射出来。
④把分光镜对准反射光，使反射光进入分光镜。
⑤按透射法所述步骤调节分光镜狭缝和滑管的焦距。

3. 表面反射法

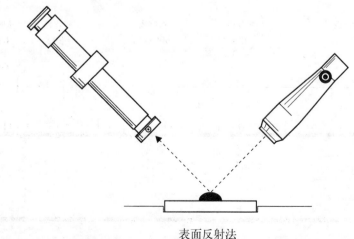

表面反射法

①适用于难以透光的样品。
②将样品置于锁光圈或宝石夹上。
③使光线从样品的表面反射出来。

④将分光镜对准反射出来的光线，使光线进入分光镜。
⑤按透射法所述步骤调节分光镜狭缝和滑管焦距。

手持式分光镜

手持式分光镜与台式分光镜用法相同，此外还要考虑以下问题：
①照射和定位宝石更为困难。
②通常无波长刻度标尺。
③有些手持式分光镜焦距和狭缝不可调。

B. 注意事项及局限性

1. 光谱效果受下列因素影响：
   ①所使用的照明器。
   ②样品的大小（小颗粒样品的光谱较弱）。
   ③样品的透明度。
   ④样品颜色的深度（色深者吸收较强）。
   ⑤样品的琢型或形状：
   （ⅰ）对浅色透明的宝石应将光线沿其长轴方向透射。
   （ⅱ）对深色半透明的宝石应将光线沿其短轴方向透射。
   ⑥尘埃或脏物会在色谱上产生暗色的水平线。
   ⑦宝石过热会使光谱发生改变或难以辨认。
   ⑧分光镜是否校准。
2. 某些具有多色性的宝石有定向光谱。
3. 测试时勿用手持样品，因为血液会影响吸收谱。
4. 在作光谱分析之前，应先在显微镜下对待测样品进行检查（以免错误地解释拼合石的光谱）。

C. 结果

下图为棱镜式分光镜的图谱：

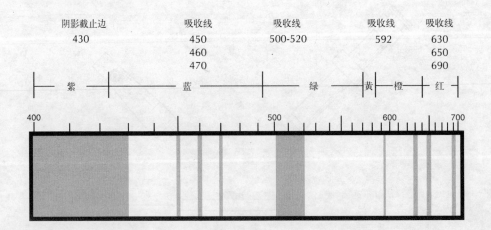

该图谱以纳米（nm）为单位，1nm＝1/1 000 000mm。包括：
1. 吸收线——狭窄，清晰易辨。
2. 吸收带——较吸收带宽，较易辨别。
3. 吸收阴影断面——完全吸收，从一个清晰的边延伸至光谱末端。常见于蓝紫区。
4. 整体吸收——覆盖整个光谱，模糊不清不易辨别。
5. 发散吸收线（上图未标）——明亮清晰的垂直吸收线，有时见于铬致色宝石吸收光谱的红区。

D. 特征吸收光谱

《珠宝鉴定课程》、《珠宝鉴定手册》和《宝石参考指导》中使用下列符号来指示各光谱的精确度和出现的频率，从而确定它们在珠宝鉴定中的意义。
1. ***——很常见。如存在，且又与其他仪器得出的结论相符，则可作为证据。
2. **——次常见。如存在，且与其他仪器测试的结论相符，则可作为证据。
3. *——有时可见。一般不作为证据。
4. 空白——一般不见或即使见到亦无鉴定意义。

二、相对密度

用途：测相对密度（物理学密度）

静水力学法测相对密度

A. 步骤和结果

1. 清洁宝石。
2. 用静水力学所用设备调节电子天平，确保烧杯中有足够的水。
3. 将天平刻度归至 0.000。
4. 在空气中称出样品的质量（精确到 0.001 克拉）。记录为"空气中的质量"。
5. 拿起样品，将天平重新归至 0.000。
6. 将样品置入金属丝筐，浸入水中称重。
   ① 确保样品完全浸入水中。若不能，则取出宝石，加水，重复步骤5。
   ② 若样品上附着气泡，将金属丝筐轻击烧杯的内壁以逸去气泡。

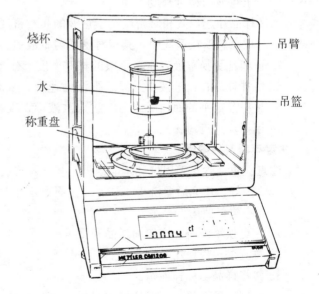

7. 称样品重量，精确至 0.001 克拉，记录为"水中的质量"。
8. 用以下公式计算样品的相对密度：
   相对密度＝空气中质量/（空气中质量－水中质量）

B. 注意事项

1. 确保天平在平衡时是水平的，且称盘清洁干燥。

2. 检查是否有外加的摩擦（如：烧杯支架是否与天平的称盘接触，金属丝筐是否自由地悬于水中）。必要时可在水中加一滴洗涤剂来减小表面张力。
3. 无论在水或空气中称重时都应把天平防护罩的门完全关上。
4. 称重小宝石时要小心操作。宝石越重，所测得相对密度就越准确。该方法对于测定重为半克拉以上的宝石的相对密度最为精确。
5. 同种材料的相对密度受一些因素的影响有时不同。如包裹体、不规则裂隙、杂质等。

重液法测相对密度

A. 步骤和结果

1. 清洗样品。
2. 手掂样品估计其相对密度，以决定最先用哪种相对密度的重液。建议使用由宝石仪器公司提供的相对密度为 2.57、2.62、2.67、3.05 或 3.32 的重液。饱和盐水（相对密度 1.13）的制作方法为：将盐加入水中，直至不再溶解为止。
3. 用镊子把样品完全浸入已知相对密度的重液中。
4. 把镊子靠在重液瓶内侧，以逸去气泡。
5. 样品浸在重液中后放松镊子。
6. 估计样品的相对密度：
   ① 样品下沉，其相对密度大于重液的相对密度。
   ② 样品浮起，其相对密度小于重液的相对密度。
   ③ 样品悬浮在重液中，其相对密度与重液的相对密度几乎相等。
7. 连续地更换重液，直至重液的相对密度十分接近样品的相对密度。
8. 估计样品在该重液中上浮或下沉的速度，从而得出样品相对密度的估计值。测试时将样品最平的面向下或向上放入重液中，观察样品在该重液中下沉或上浮速度（可用标样进行对比）。

B. 注意事项及局限性

注意：重液含二碘甲烷和苯酸苄酯，操作不当会产生危险。使用时确保工作环境通风良好，用完后要洗手。学习《宝石鉴定作业 10》及有关重液的指导。孕妇勿接触。建议使用外科手套。

1. 在更换重液时，应擦净样品和镊子。
2. 每测试一次使用一个重液瓶，并只测定一个样品。
3. 勿将样品与标样混淆。
4. 估测宝石沉浮速度时应使眼与重液瓶保持在同一水平面，将重液瓶放在桌上，不要手持。
5. 因含有包裹体、不规则结构和杂质（如着色剂）等原因，同一类物质的相对密度会有所变化。
6. 样品的折射率若与重液的折射率接近，则突起甚低，当样品浸没于重液中时就难确定它的位置。

7. 用标样石（见下表）检查重液，使其保持标准。
8. 温度可影响重液的密度即温度越高，重液的相对密度越小。
9. 应将重液贮藏于阴暗处，以免分解和发黑。在重液中放入一小片铜（如铜币），可以防止重液发黑。
10. 拧紧瓶盖。
11. 按照对待危险化学物品的规则放好重液，清洁器具。

标样石

2.57 重液	上浮：微斜长石(2.55)	下沉：玉髓(2.60)
2.62 重液	上浮：玉髓(2.60)	下沉：石英(2.66)
2.67 重液	上浮：合成祖母绿(2.66)	下沉：方解石(2.67)
3.05 重液	上浮：粉红色电气石(3.04)	下沉：绿色电气石(3.06)
3.32 重液	下沉：翡翠(3.34)	下沉：合成刚玉(4.00)

三、滤色镜

用途：
- 检测某些宝石的染色处理
- 确定某些宝石的染色

用此方法区别一些宝石材料与常见仿品：
合成蓝色尖晶石——粉红色至红色
合成蓝色石英——粉红色至红色
蓝色钴玻璃与其他钴致色宝石材料——粉红色至红色
染色绿玉髓——红色，橙红至粉红橙色
染色蓝玉髓——红色，橙红至粉红橙色
染色蓝硅硼钙石——粉红色
磷铝石——粉红色
注意：反应弱时可能颜色带灰色调。

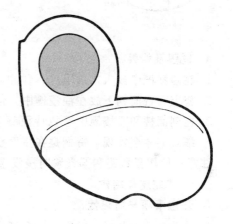

A. 步骤及结果
1. 使用白色光源，最好可调强弱。
2. 用透射光照射透明及半透明宝石，反射光照射不透明宝石。根据宝石颜色浓度调节光源强弱，色越浅所用光越弱。从透明或半透明宝石较厚的方向照明。
注意：看似不透明的宝石可能实际为亚半透明。试用强光从边缘等较薄部位照入。
3. 将滤色镜放在眼睛和待测样品之间，距样品1英寸，距眼睛10英寸。透过滤色镜观察宝石。

B. 注意事项与局限性
1. 经滤色镜所见颜色的浓度受待测样品的大小、形状、透明度及其本身的颜色深度的影响。体积小、颜色浅、不透明的宝石反应通常较弱。
2. 由于染色剂的类型和含量的差异，每一样品的反应略有不同。
3. 虽然滤色镜最初被称为祖母绿滤色镜，但实际上它不能将祖母绿与仿制品区别开来。
4. 仅可作为补充的测试手段，绝对不能以此作为鉴定宝石的依据（在滤色镜下呈红色并不能证明它是染色、合成的、某种特定的染色剂，或任何其他的东西）。应使用已知的标样。

四、油浸槽

用途

- 检测刚玉的扩散处理
- 进行显微测试及偏光测试时减少反射和折射

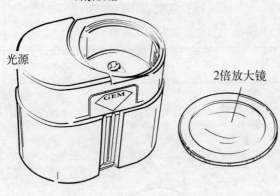

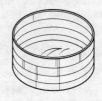

A. 过程及结果

1. 在油浸槽中放入二碘甲烷、甘油或水，放置于散射光源上。
2. 将宝石台面朝下放在油浸槽中，使槽内液体完全浸没宝石。
3. 在刻面棱和腰棱周围寻找特征颜色聚集，以及不同刻面颜色分布不均匀现象。需仔细观察才会发现，特别是在蛋面宝石中，颜色聚集很难找到。

注意：使用显微镜和偏光镜时浸没宝石可以减少反射和折射，且有助于观察合成欧泊的"蛇皮"结构。

B. 注意事项与局限性

1. 重液含亚钾基碘，操作不当会产生危险。
2. 使用时确保工作环境通风良好，用完后要洗手。
3. 学习《宝石鉴定作业10》及有关重液的指导。
4. 孕妇勿接触。
5. 建议使用外科手套。

五、热导仪（钻石分辨仪）

用途 帮助鉴别钻石与仿钻

A. 步骤及结果
1. 打开热导仪，确保电池电量充足。
2. 若有必要，清洗并擦干待测样品。
3. 将热导仪测针垂直压在样品表面上。
4. 观察热导仪刻度盘上的反应，以辨别真钻或仿钻。
   ① 测针若触着钻石，测头上的热量会被迅速传导，而使温度急剧下降，这时刻度盘上的指针就指向"钻石"。
   ② 测针若触着仿钻，温度的降低就比较缓慢，指针指向"仿钻"。

B. 注意事项与局限性
1. 只能接触样品表面，若接触到金属托或周围宝石则无效。
2. 人造宝石、合成碳硅石可对热导仪作出错误反应。
3. 热导仪不能区分天然钻石和合成钻石。
4. 钻石热导仪有几种式样，一定要熟悉你使用的仪器。

六、透视效应

用途 测定折射率大于1.80的透明刻面型宝石的相对折射率。

A. 步骤与结果
1. 将样品台面朝下放在印有字迹或彩色的纸上。
2. 注意透过样品能看到的字迹或颜色的清晰程度。总的来说，样品的折射率越低，其透视效应越显著（可识别字迹的范围越大——译者注）。

B. 局限性

样品的琢型（如圆明亮型、祖母绿型等）对透视效应影响很大。即使同种材料，其琢型越好，透视效应就越差。

七、红圈效应

用途 帮助检测石榴石和玻璃二层石

A. 步骤与结果

1. 将样品顶面朝下置于白色背景上。
2. 用笔式手电从不同角度照射样品的底部。
3. 如果该宝石为石榴石和玻璃二层石,则可见平底面反射出的或围绕腰部的红色圈。
4. 用顶光源照射宝石,在 10 倍放大镜下检查宝石,寻找石榴石冠部。

B. 局限性

1. 红色或紫红色的样品看不见红圈。
2. 石榴石冠很薄的也可能见不到红圈。
3. 一些梯状琢型的样品很难看到红圈。

八、光谱透射图式

用途 钻石及其仿制品的辅助测试。
钛酸锶、合成立方氧化锆、钇镓榴石、钇铝榴石。

A. 步骤及结果

1. 用镊子夹住样品腰棱,台面朝下放笔式手电和一张白纸之间。
2. 样品距离笔式手电和白纸各 1/4 英寸。
3. 从样品底尖照射入宝石。
4. 观察白纸上投射的阴影图式。
5. 将所得图案与《钻石仿制品》一节所列的对应图式加以比较。

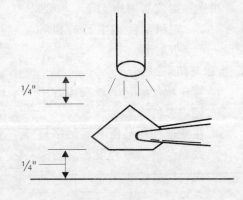

B. 局限性

1. 该实验最好用于圆明亮型切工的样品。
2. 不能仅依此得出鉴定结论。

注意:1. 光谱透射图式又称为花瓣图式。
2. 该实验用于底部镂空的镶嵌宝石效果很好。

九、热针（热反应检测器）

用途
- 检测透明样品是否经过注油或树脂充填处理的裂隙
- 检测特征气味

  注意：用热针（TRT）检测，一般对样品都具有破坏性，故应谨慎使用。

A. 检测是否经注油或树脂充填处理

1. 在放大镜下进行测试。
2. 将热针放到距样品 1/16 英寸处。
3. 寻找从内部延伸到表面的油或充填树脂的流动。油和树脂可以流出裂隙。

B. 检测特殊气味

1. 在待测样品上选一不显眼的区域，即使可能产生的小损伤也不易为人所见。
2. 调节温度使热针的尖端呈暗红色。
3. 将热针轻轻地碰一下待测样品。
4. 迅速把样品放在鼻下，嗅其发出的气味。
   ①玳瑁——蛋白质味（焦发味）
   ②黑珊瑚——蛋白质味（焦发味）
   ③金珊瑚——蛋白质味（焦发味）
   ④煤精——煤或油味（类似于焦油或沥青味）
   ⑤琥珀——树脂味（类似于香料味）
   ⑥塑料——常为辣味（一般情况下，塑料也能产生以下任何气味：樟脑味、碳酸味、蛋白质味、醋味、糖果味、甲醛味、鱼腥味、酸奶味。）

第三章 宝石鉴定表及鉴定程序

本章末尾的宝石鉴定表是专门为引导读者熟悉宝石鉴定的一般程序而设计的。虽然尚无一种为任一宝石鉴定都须步步必循的测试程序，但实际上所有的宝石鉴定都使用某些基本的测试项目。遵循这套程序有助于正确地使用宝石鉴定仪器和准确地鉴定宝石。

在开始学习宝石鉴定之前，请先阅读并熟悉缩略语、仪器操作及测试步骤。

注意： 单星号（*）用来表示 B 表中的宝石。

第一节 宝石鉴定程序

此表为宝石鉴定程序一览表，供快速参考。该表列出了宝石鉴定方法的纲要。每一步的详细叙述见下面章节。若已经鉴定出样品，可以在任何一步终止鉴定。所用鉴定方法不同，程序的有些细节也可能不同。

1. 整体观察
   - 肉眼
   - 放大
2. 折射率
   - 用折射仪
3. 光性特征
   - 用偏光镜或折射仪
   - （单折射、双折射或不消光）
4. 根据 A 表，列出可能的宝石种类
5. 参考本鉴定手册的宝石鉴别部分，选择所需的关键测试方法
6. 若有必要，再次检测
   - 用折射仪、放大镜、偏光镜测折射率
   - 多色性，分光镜测试
   - 用干涉球和偏光镜光性特征
7. 若有必要，进行附加测试
   - 紫外荧光
   - 用分光镜测光谱色
   - 滤色镜
8. 确定样品的种、族、变种
9. 若有必要，鉴定出样品为天然或合成
10. 若有必要，鉴定出样品是否经过处理

第二节　宝石鉴定表及鉴定程序

A. 将所要鉴定的样品组号、学员学号及姓名、年级等填在表头相应的位置，并在左侧样品编号栏目中填上待测样品的编号。

样品组号 6-1-10　　　　学员学号＿＿＿＿＿　　　学员姓名＿＿＿＿＿年级＿＿＿＿＿

样品号	一般观察	放大检查	折射率 双折率	光　性	多色性	附加测试	变　种
							种及族
1							

B. **一般观察**　用肉眼（不用仪器）判断下列内容并记录观察结果。若表中的条目不适用于所测样品，则在其旁划一横道（—）。

1. 颜色——描述色调与色彩。
2. 透明度——判断透明度。
3. 琢型——记录所测宝石是刻面型还是蛋圆型、珠型、圆型、卵型等（不须说明琢型的任何细节）。

样品号	一　般　观　察			
1	颜　色：	中，紫-红	光　泽：	玻璃
	透明度：	亚半透明	色　散：	—
	琢　型：	弧面	掂　重：	中
	特殊光性：	—	拼合石：	—

4. 特殊光性——确定是否存在特殊光性。
5. 抛光面光泽——判断抛光面光泽。
6. 色散——若能察觉则记录色散强度。
7. 掂重——注意所测样品相对其大小是否特别重或轻。
8. 拼合石——注意识别拼合石的各种标志，如红色环、接合面等。

C. **放大检查**（从用 10 倍放大镜开始）

1. 包裹体及其他：记下明显的包裹体及其他鉴定特征，如底面的重影、色带等。
2. 断口：描述断口类型。
3. 断口光泽：描述断口表面的光泽。
4. 解理：记录所见解理的组数。

放　大　检　查		
包裹体及其他：针状包体，平直生长纹，指纹状包体		
断口：	断口光泽：	解理：

注意：若要鉴定某样品是天然的还是人造的，或者要寻找特征包裹体，那么可能要在随后再度作放大检查，以及作其他测试进一步缩小初次选择的范围。

D. **折射率和双折率**　获取样品的折射率

1. 将双折射样品的高、低两个折射率和双折率分别记在表格的相应位置。
2. 单折射样品的折射率值，记在高或低折射率的条目下都可以。
3. 点测法折射率记在点测法条目下。
4. 其他：记录测定折射率过程中获得的其他信息，如石榴石玻璃二层石的红旗效应、不良抛光、闪烁法双折率测定的结果等。

折　射　率 双　折　率
高　值：1.77
低　值：1.76
双折率：
点测法：
其　他：

注意：用图解法测折射率、确定光性和光符有助于某些难以鉴定的宝石的鉴定。图解法用图附于鉴定表背面。

E. **光性** 通常用偏光镜来测定透明和半透明样品的光性。

注意：对于折射率超过折射仪极限（大于1.80）的宝石材料，可通过检测重影来确定它是单折射还是双折射。对带红色调的宝石可依其有无多色性来确定它是单折射还是双折射。

1. 确定单折射、双折射、异常双折射或不消光，并把表上相应的条目划圈（如果是异常双折射，则把单折射和异常双折射都圈上，表示该样品为单折射，但显示异常双折射反应）。

2. 若所测的样品既是双折射又相当透明，则应尽量作出一轴晶或二轴晶的干涉图，并相应地把表中一轴晶或二轴晶圈起来，若干涉图属特殊类型（如牛眼状干涉图，假干涉图影），亦要记录。（一轴晶或二轴晶也可以用折射仪测定。）

3. 少数很难鉴定的样品，有必要测出其光性符号（正或负）。一般用折射率图解法即可确定。记录测试结果，把表中"正"或"负"圈起来，或者记下"无光符"或"光符未定"。

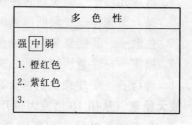

F. **多色性** 使用二色镜或偏光镜（无二色镜的情况下）测定。

1. 确定是否存在多色性。

2. 若存在，则要注意多色性的强度，根据测定结果，把表中强、中、弱圈起来，并按顺序1、2、3记下多色性颜色。

G. **补充测试** 需要使用一种或多种补充测试来鉴定样品时进行。但若非鉴定所必需，可不作任何补充测试。

1. 分光镜测试：如可能，则观察样品的吸收光谱。在鉴定表上的空白光谱图中画出观察到的吸收线、吸收带或吸收截止边。

2. 长、短波紫外线测试：若样品在长、短波紫外线照射下有反应，则记下荧光的强度和颜色。若无反应，则记为惰性。

3. 相对密度：记下所测得的相对密度的数值，如4.00，3.18等。

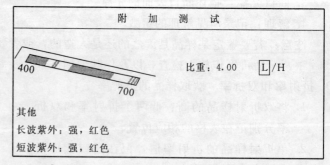

L/H（重液法/静水力学法）：若使用重液测得相对密度，圈上"H（重液法）"，若使用静水力学法，则圈上"L（静水力学法）"。

4. 其他：记录在仪器操作部分附加测试中所描述过的所有测试的结果，如热导性、滤色镜反应等。

H. 变种、种、族

1. 一旦完成所有的测试工作，并将其结果记录到鉴定表上，就参照宝石特征表（表 A 及 B）把未知样品的各种性质与特征表上列举的各种特性对照。折射率、颜色、透明度将会只剩少数几种宝石，将其他种属排除。光性和其他的测试可能只剩一或两种宝石将其他种属全部排除。

变 种
种/族
红宝石
刚 玉

2. 接着参照宝石鉴别一章。为了便于查找任何已知的种属，该部分按折射率作了划分，并有一张按宝石种属名英文字母及汉语拼音字母顺序排列的宝石材料索引表以便查找。找出与所测样品性质最接近的种属参考表，并特别注意其中所列的鉴别关键。仔细阅读易与未定样品混淆的宝石品种的物性和特征，并做完参考表中列出的各种关键测试。
3. 在考虑各种可能性之后，确定所鉴定样品的宝石种属。参考种属和变种一章，确定适当的名称，并在表上完整地写出变种名、种名和族名。

注意： 只能在鉴定表里记下由所作测试得到的各种性质，如折射率、光性等，决不可照抄宝石特征表或宝石鉴别一章中所列举的各种性质（因为这些参数材料的内容是众所周知的，而重要的是实际上所见的东西）。

I. 参考实例 宝石鉴定方法

方法一

把前面用来说明鉴定程序的实例资料所得的总体观察和折射率部分的数据填在鉴定表上，并与表 A 上所列的各种性质加以比较，从而看出，仅有刚玉、合成刚玉、铁铝榴石为可能的鉴定对象（只有这几种材料与未知样品的颜色、透明度、特殊光学效应、折射率大致相符）。再参照光性和荧光性。很明显，铁铝榴石可排除在外（铁铝榴石为单折射，紫外惰性，而未知样品为双折射，具荧光）。至此，可能的鉴别对象仅可能是刚玉或合成刚玉。进一步参考放大检查的结果，又能将合成刚玉排除（未知样品有平直的生长带，而合成刚玉的生长带是弯曲的）。因此，未知样品是天然刚玉。

为了证实所鉴定的种属，接下来参考宝石鉴别一章。从中找到天然红宝石与合成红宝石的鉴别特征。把所测得的样品性质与表里所列关键性质加以比较，可以确定所测样品是天然刚玉。注意性质表（即表 A 和表 B）未列出的某些性质，如：镜下特征、需要用的关键测试、光谱图等，可在宝石鉴定一章中找到。

最后一步是参照种和变种部分，确定（或证实）变种。找到刚玉条目，参照先前的总体观察特征，即可证实变种为红宝石。鉴定工作到此全部结束，将结果记录在宝石鉴定表中。

方法二

如同方法一，首先从总体观察开始。用肉眼及 10 倍放大镜检查未知样品，并注意所见的所有特征。第二步，测出折射率（如条件合适一并测出双折率）。第三步，测出光性特征。

接下来鉴定程序就变了。先参考宝石物性表，确定哪些种类"符合"于至此为止收集到的物性。对本实例，可以看出，只有刚玉、合成刚玉符合于未知样品的颜色、透明度、特殊光性、折射率、光性特征。接着从宝石鉴别部分宝石材料索引表中找出这两种材料条目。就本实例，可于"刚玉特征综述 10-1、10-2"找到这两种宝石的参考材料。翻到该页，查出确定鉴定结果所要求做的关键测试，放大检查又排除合成刚玉。

	红宝石	合成红宝石（助熔剂法）	合成红宝石（焰熔法）
放大检查	一般包裹体：三角状包裹体及圆化的晶体包裹体，呈低突起或高突起；指纹状包裹体；两相包裹体；六边形生长带，平直生长带，平直色带；丝状到发育完好的针状包裹体，在同一平面内呈60°交角；双晶纹，裂理（假解理）；未处理的包体特征：未断裂的丝状包裹体（完整的金红石针）呈晕彩效应；未断裂的二氧化碳流体包裹体（逐渐冷却时，不同于熔剂残余，出现气泡）；完整的矿物包裹体	助熔剂包体（一般为白色高突起，可有两相包裹体）；粗糙的助熔剂包体（水珠形，可呈暗色；水滴状，管状，或毛刺状）；助熔剂可呈小液滴、短线或小微粒组成的云雾状；可能有种晶（罕见），种晶可带紫红色调或有天然刚玉包体；可有平行生长面；可有三角形或六角形小片或短粗的针状包体（三角形小片是合成的特有标志）；助熔剂包体可为近无色、白色、黄色至橙色；可有玻璃状、糖浆(sugary)状或多裂隙结构	弯曲生长线（条纹或色带）；气泡（成串气泡看似针状包裹体）；常洁净无瑕；弯曲条纹易与抛光痕相混淆，弯曲条纹属于内部特征，略弯曲，且穿过刻面棱。可为淬火裂纹至朦胧的弯曲条纹。罕见双晶面，指纹状包体及针状包体。鉴别特征：常常抛光不好，大多数刻面见抛光痕；快速抛光痕（无规则表面擦痕）；常为明亮型切工或对称的剪型切工(scissors cut)；常为数毫米大小的标准切工，透过腰棱可见干涉色
荧光	弱至强，红色（长波和短波）；短波效果好；比合成红宝石包体略轻微，使用标样仅有指示意义	强，红色（长波）；短波稍弱，常比天然红宝石强；可带蓝色调，使用标样仅有指示意义	强，红色（长波和短波）；长波效果好，略强于天然红宝石，使用标样仅有指示意义
光谱			

最后一步同方法一，参考种和变种一章中刚玉条目，从而确定变种为红宝石。

宝 石 鉴 定 表

样品组号_____　学员学号_____　　　　　　　　　　学员姓名_____　年级_____

样品号	总体观察	放大检查	折射率双折率	光 性	多色性	附加测试	变种种/族
	颜色： 光泽： 透明度： 色散： 琢型： 掂重： 特殊光性： 拼合石：	包裹体及其他： 断口： 断口光泽： 解理：	高值： 低值： 双折率： 点测法： 其他：	单折射　异常双折射 双折射　不消光 一轴晶　正光性 二轴晶　负光性	强 中 弱 1. 2. 3.	□　　比重 　　　　L/H 400　700　其他 长波紫外： 短波紫外：	

所用工具：

显微镜、折射仪、二色镜、紫外荧光测试仪、放大镜、偏光镜、相对密度、热针、有效灯、分光镜、滤色镜

第四章 宝石鉴别

本章是各种宝石的关键鉴定特征指导。它应与美国珠宝学院出版的宝石材料特征表 A 及表 B,《宝石鉴定手册》、本实验手册、《宝石参考指导》以及《彩石和宝石鉴定作业》配合使用。

本章分八节：(1)宝石材料检索表；(2)超率限；(3)折射率 1.70—1.80，(4)折射率 1.60—1.70；(5)折射率 1.50—1.60；(6)折射率小于和等于 1.50；(7)拼合石；(8)玻璃及塑料。各节的组织规则是，将各折射率范围内所包含的宝石材料按折射率大小依次详细排列。对各种宝石后面都列有由于具相似的视觉特征、光性特征和(或)物理性质特征而常易与之混淆的其他宝石。此外，各页都列有鉴别索引——更详细地列出了易于相互混淆的各种宝石；关键测试——经验表明哪些是鉴别这些宝石最有价值的宝石学测试。单项的某种关键测试仅对鉴定起指示作用，因而应尽可能相互配合地使用所有的关键测试，以达到准确鉴定的目的。

为方便起见，下附本章所涉及的各种宝石材料按英文字母顺序及汉语拼音字母顺序排列的检索表。

注：单星号(*)表示宝石材料特征表 B 中的宝石材料的记号。

第一节 宝石材料检索表
（按英文字母顺序排列）

A

* Actinolite, Cat's-Eye 阳起石猫眼 ……………………………………………… (110)
Almandite(see Garnet Group)铁铝榴石（见石榴石族）
Amber 琥珀 …………………………………………………………………… (137)
* Amblygonite 磷铝锂石 ……………………………………………………… (102)
Andalusite 红柱石 ……………………………………………………………… (99)
Andradite(see Garnet Group)钙铁榴石（见石榴石族）
* Apatite 磷灰石 ………………………………………………………………… (101)
　　* Cat's-Eye～猫眼 ………………………………………………………… (110)
* Apophyllite 鱼眼石 …………………………………………………………… (133)
* Aragonite 文石 ………………………………………………………………… (134)
Assembled Stones 拼合石 ………………………………………… (58,70,148～155)
* Axinite 斧石 …………………………………………………………………… (97)
* Azurite, Opaque 蓝铜矿,不透明 ………………………………………… (92,113)

B

* Barite 重晶石 ………………………………………………………………… (101)
* Benitoite 蓝锥矿 ……………………………………………………………… (80)
Beryl 绿柱石
　　Natural 天然～ ………………………………………………………… (116,120)
　　Synthetic 合成～ ……………………………………………………… (116,118,120)
　　Treated 处理～ ………………………………………………………… (118)
* Beryllonite 磷钠铍石 ………………………………………………………… (121)
Black Coral(See Coral(Conchiolin))黑珊瑚（见珊瑚壳质）
* Brazilianite 磷铝钠石 ………………………………………………………… (102)

C

Calcite 方解石 ………………………………………………………………… (128,134)
* Cassiterite 锡石 ……………………………………………………………… (60)
Chalcedony 玉髓 ……………………………………………………… (127～131,139)
Charoite 紫硅碱钙石 ………………………………………………………… (130)
* Chlorastrolite 绿纤石 ………………………………………………………… (107)
* Chrysoberyl 金绿宝石
　　Natural 天然～ ………………………………………………………… (78～79)
　　Synthetic 合成～ ……………………………………………………… (78)
　　Cat's-Eye～猫眼 ……………………………………………………… (79)
Coral 珊瑚
　　Calcareous 钙质～ …………………………………………………… (135)

Conchiolin (Black, Golden) 壳质～(黑色、金色) ……………………… (136)
Corundum 刚玉
 Natural 天然～ ……………………………………… (68,70～75,78～80)
 Synthetic 合成～ ………………………………………… (69,71～75,78,80)
 Star 星光～ ……………………………………………………… (76～77)
 Synthetic Star 合成星光～ ……………………………………………… (76)
CZ(Synthetic Cubic Zirconia) 立方氧化锆(合成立方氧化锆)
 Diamond Simulant～仿钻 …………………………………………………… (57)
 Colored 彩色～ ……………………………………………………………… (63)

D

* Danburite 赛黄晶 ………………………………………………………………… (102)
* Datolite 硅硼钙石 ………………………………………………………………… (103)
Diamond 钻石
 Colorless 无色～ …………………………………………………………… (56)
 Colored 彩色～ ……………………………………………………………… (65)
Diopside 透辉石 …………………………………………………………………… (95)
 Cat's-Eye～猫眼 ……………………………………………………… (95,109)
 Star 星光～ …………………………………………………………… (95,109)
* Dioptase 透视石 ………………………………………………………………… (96)

E

* Enstatite 顽火辉石 ……………………………………………………………… (97)
* Epidote 绿帘石 …………………………………………………………………… (81)
* Euclase 蓝柱石 …………………………………………………………………… (98)

F

Feldspar Group 长石族
 Labradorite 拉长石 ……………………………………………………… (120)
 Microcline 微斜长石 ……………………………………………………… (131)
 Oligoclase 奥长石 ………………………………………………………… (126)
 Orthoclase 正长石 …………………………………………………… (128,132)
Fluorite 萤石 ……………………………………………………………………… (144)

G

GGG(Gadolinium Gallium Garnet) 钆镓榴石
 Diamond Simulant 仿钻 …………………………………………………… (57)
 Colored 彩色钆镓榴石 ……………………………………………………… (63)
* Gahnite 锌尖晶石 ………………………………………………………………… (65)
Garnet Group 石榴石族
 Almandite 铁铝榴石 …………………………………………………… (64,72,83)
 Star 星光铁铝榴石 ………………………………………………………… (77)
 Andradite 钙铁榴石 ………………………………………………………… (62)
 Grossularite, Transparent 钙铝榴石,透明 ……………………………… (85,87)

　　　　Hydrogrossular 水钙铝榴石 …………………………………………………… (89)
　　　　Malaia 镁锰铝榴石 …………………………………………………………… (83)
　　　　Pyrope 镁铝榴石 ……………………………………………………… (72,83,86)
　　　Rhodolite 铁镁铝榴石(红榴石) ……………………………………………… (72,83)
　　　Spessartite 锰铝榴石 ………………………………………………………… (64)
Glass 玻璃
　　　Manmade 人造~ ………………………………………………… (129,147,156~157)
　　　Natural 天然~
　　　　Moldavite 莫尔达沃玻陨石 ………………………………………………… (143)
　　　　Obsidian 黑曜岩 …………………………………………………………… (143)
Grossularite(see Granet Group)钙铝榴石(见石榴石族)

H

Hematite 赤铁矿 ……………………………………………………………………… (59)
　　　Imitation Hematite 仿赤铁矿 ………………………………………………… (59)
* Howlite 软硼钙石 ………………………………………………………………… (140)
　　　Dyed Howlite 染色硅硼钙石 …………………………………………… (112,140)
Hydrogrossular 水钙铝榴石(见石榴石族)

I

Idocrase 符山石
　　　Transparent 透明~ ………………………………………………………… (81)
　　　Translucent to Opaque 半-不透明~ ……………………………………… (89)
Iolite 堇青石 ………………………………………………………………………… (124)
Ivory 象牙 …………………………………………………………………………… (140)

J

Jade 玉石
　　　Jadeite 翡翠(硬玉) ………………………………………………………… (104)
　　　　Dyed Jadeite 染色翡翠 ………………………………………………… (104)
　　　Nephrite 软玉 ……………………………………………………………… (104)
Jet 煤精 ……………………………………………………………………………… (108)

K

* Kornerupine 柱晶石 ……………………………………………………………… (97)
　　　Cat's Eye~猫眼 …………………………………………………………… (109)
* Kyanite 蓝晶石 …………………………………………………………………… (81)

L

Labradorite(see Feldspar Group)拉长石(见长石族)
Lapis Lazuli 青金石
　　　Natural 天然 …………………………………………………… (92,113,131,138)
　　　Dyed 染色 …………………………………………………………………… (139)
　　　Imitation 仿制青金石 ……………………………………………………… (138)
* Lazulite 天蓝石 …………………………………………………………………… (101)

* Leucite 白榴石 ··· (132)

M

Malachite 孔雀石 ··· (107)
Malaia(See Garnet Group)镁锰铝榴石(见石榴石族)
Microcline(See Feldspar Group)微斜长石(见长石族)
Moldavite(See Glass,Natural)莫尔达沃玻陨石(见玻璃,天然玻璃)

N

* Natrolite 钠沸石 ··· (144)
Nephrite(See Jade)软玉(见玉石)

O

Obsidian(See Glass, Natural)黑曜岩(见玻璃,天然玻璃)
Opal 欧泊(贵蛋白石)
    Natural 天然～
        Nonphenomenal 无变彩～ ································· (143)
        Phenomenal 变彩～ ······································· (145)
        Treated 处理～ ··· (145)
    Synthetic 合成～ ··· (147)
Oligoclase(See Feldspar Group)奥长石(见长石族)
Orthoclase(See Feldspar Group)正长石(见长石族)

P

Pearl 珍珠
    Natural 天然～ ··· (135)
    Cultured 养殖～ ··· (135)
* Pectolite 针钠钙石 ··· (106,112)
Peridot 橄榄石 ··· (95)
* Petalite 透锂长石 ··· (132)
* Phenakite 硅铍石 ··· (98)
Plastic 塑料 ·································· (108,137,147,158)
* Pollucite 铯榴石 ··· (133)
* Prehnite 葡萄石 ··· (103,106)
Pyrope(See Garnet Group)镁铝榴石(见石榴石族)

Q

Quartz 石英
    Natural 天然～ ····································· (121,123,125～126)
    Synthetic 合成～ ······································· (121,123)

R

Rhodochrosite 菱锰矿
    Transparent 透明～ ··· (82)
    Translucent to Opaque 半-不透明～ ···················· (90)
Rhodolite (See Garnet Group)红榴石(铁镁铝榴石)(见石榴石族)

Rhodnite 蔷薇辉石
    Transparent 透明～ ……………………………………………………………… (82)
    Translucent to Opaque 半-不透明～ ………………………………………… (90)
Rutile(Synthetic) 金红石(合成)
    Diamond Simulant 仿钻 …………………………………………………… (55)
    Colored 彩色 ………………………………………………………………… (61)

S

* Scapolite 方柱石 ………………………………………………………… (122,124,133)
* Scheelite 白钨矿 ………………………………………………………………… (60)
Serpentine 蛇纹石 ………………………………………………………… (127,141)
Shell 贝壳 ………………………………………………………………………… (135)
* Sillimanite 矽线石 ……………………………………………………………… (106)
    Cat's-Eye 猫眼～ …………………………………………………………… (110)
* Smithsonite 菱锌矿 …………………………………………………………… (103)
Sodalite 方钠石 ………………………………………………………………… (139)
Spessartite(See Garnet Group) 锰铝榴石(见石榴石族)
* Sphalerite 闪锌矿 ……………………………………………………………… (62)
* Sphene 榍石 …………………………………………………………………… (61)
Spinel 尖晶石
    Natural 天然～ ………………………………………………………… (85～88)
    Synthetic 合成～ ……………………………………………………… (85～88)
Spodumene 锂辉石 ……………………………………………………………… (98)
Strontium Titanate 钛酸锶 …………………………………………………… (56)
* Sugilite 苏纪石 …………………………………………………………… (107,130)

T

* Thomsonite 硅碳钙镁石 ……………………………………………………… (128)
Topaz 黄玉 ……………………………………………………………………… (99)
Tortoise Shell 玳瑁 …………………………………………………………… (136)
Tourmaline 电气石(碧玺) ……………………………………………………… (99)
    Cat's-Eye 电气石猫眼 ……………………………………………………… (109)
Turquoise 绿松石
    Natural 天然～ ………………………………………………………… (111,141)
    Treated 处理～ ……………………………………………………………… (112)
    Synthetic 合成～ …………………………………………………………… (111)

U

* Unakite 绿帘石花岗岩 ………………………………………………………… (91)

V

* Variscite 磷铝石 ……………………………………………………………… (141)

W

Wulfenite 钼铅矿 ………………………………………………………………… (60)

Y

YAG(Yttrium Aluminum Garnet)钇铝榴石
    Diamond Simulant 仿钻 ·················· (57)
    Colored 彩色仿钻 ·················· (63)

Z

Zircon 锆石
    Diamond Simulant 仿钻 ·················· (55)
    Colored 彩色锆石 ·················· (61)
    Low-Property 低型锆石 ·················· (62)
Zoisite 黝帘石
    Tanzanite 坦桑石 ·················· (96)
    Thulite 锰黝帘石 ·················· (91)

（按汉语拼音字母顺序排列）

B

* 白榴石 Leucite ·················· (132)
* 白钨矿 Scheelite ·················· (60)
贝壳 Shell ·················· (127,141)
玻璃 Grass
    人造玻璃 Manmade ·················· (129,147,156~157)
    天然玻璃 Natural ·················· (143)
    莫尔达沃玻陨石 Moldavite ·················· (143)

C

长石族 Feldspar Group
    拉长石 Labradorite ·················· (120)
    微斜长石 Microcline ·················· (131)
    奥长石 Oligoclase ·················· (126)
    正长石 Orthoclase ·················· (128,132)
赤铁矿 Hematite ·················· (59)
    仿赤铁矿 Imitatian Hematite ·················· (59)

D

电气石（碧玺）Tourmaline ·················· (99)
    电气石猫眼 Cat's-Eye ·················· (109)
玳瑁 Tortoise Shell ·················· (136)

F

仿赤铁矿 lmitatian Hematite（见赤铁矿） ·················· (59)
方钠石 Sodalite ·················· (139)
* 方柱石 Scapolite ·················· (122,124,133)
方解石 Calcite ·················· (128,134)

翡翠(硬玉)Jadeite(见玉石) ··· (104)

符山石 Idocrase ·· (81,89)

  透明～Transparent ··· (81)

  半-不透明～Translucent to Opaque ······························· (89)

* 斧石 Axinite ··· (97)

G

钆镓榴石 GGG ·· (57,63)

  仿钻 Diamond Simulant ·· (57)

  彩色钆镓榴石 Colored ·· (63)

橄榄石 Peridot ··· (95)

刚玉 Corundum ·· (68～80)

  天然～Natural ························· (68,70～75,78～80)

  合成～Synthetic ······················· (69,71～75,78,80)

  星光～Star ·· (76～77)

  合成星光～Synthetic Star ·· (76)

钙铝榴石 Grossularite(见石榴石族) ································ (85,87)

钙铁榴石 Andradite(见石榴石族) ······································ (62)

锆石 Zircon ·· (55,61,62)

  仿钻 Diamond Simulant ·· (55)

  彩色锆石 Colored ··· (61)

  低型锆石 Low-Property ·· (62)

奥长石 Oligoclase ·· (126)

* 硅铍石 Phenakite ··· (98)

* 硅碳钙镁石 Thomsonite ·· (128)

* 硅硼钙石 Datolite ·· (103)

H

黑曜岩 Obsidian(见玻璃) ··· (143)

黑珊瑚 Black Coral(见珊瑚壳质) ····································· (136)

红柱石 Andalusite ··· (99)

红榴石(铁镁铝榴石)Rhodolite(见石榴石族) ······················ (72,83)

琥珀 Amber ·· (137)

黄玉 Topaz ··· (99)

J

尖晶石 Spinel ··· (85～88)

  天然～Natural ·· (85～88)

  合成～Synthetic ·· (85～88)

金绿宝石 Chrysoberyl ·· (78～79)

  天然～Natural ·· (78～79)

  合成～Synthetic ·· (78)

  ～猫眼 Cat's-Eye ··· (79)

金红石(合成)Rutile(Synthetic) ·· (55,61)
　　仿钻 Diamond Simulant ·· (55)
　　彩色 Colored ·· (61)
堇青石 Iolite ·· (124)

K

孔雀石 Malachite ·· (107)

L

拉长石 Labradorite(见长石族) ·· (120)
　*蓝晶石 Kyanite ·· (81)
　*蓝柱石 Euclase ··· (98)
　*蓝铜矿 Azurite
　　不透明～Opaque ·· (92,113)
*蓝锥矿 Benitoite ·· (80)
立方氧化锆 CZ ·· (57,63)
　～仿钻 Diamond Simulant ·· (57)
　彩色～Colored ·· (63)
锂辉石 Spodumene ·· (98)
*磷灰石 Apatite ·· (101)
磷灰石猫眼 Cat's Eye ·· (110)
*磷钠铍石 Beryllonite ·· (121)
*磷铝钠石(银星石)Brazilianite ·· (102)
*磷铝石 Variscite ·· (141)
*磷铝锂石 Amblygonite ·· (102)
菱锰矿 Rhodochrosite ·· (82,90)
　透明～Transparent ·· (82)
　半-不透明～Translucent to Opaque ·· (90)
*菱锌矿 Smithsonite ·· (103)
绿柱石 Beryl ·· (116,118,120)
　天然～Natural ·· (116,120)
　合成～Synthetic ·································· (116,118,120)
　处理～Treated ·· (118)
*绿纤石 Chlorastrolite ·· (107)
*绿帘石 Epidote ·· (81)
绿松石 Turquoise ·································· (111,112,141)
　天然～Natural ·· (111,141)
　处理～Treated ·· (112)
　合成～Synthetic ·· (111)
*绿帘石花岗岩 Unakite ·· (91)

M

镁铝榴石 Pyrope(见石榴石族) ·· (72,83,86)

锰铝榴石 Spessartite(见石榴石族) ……………………………………………… (64)
煤精 Jet ……………………………………………………………………………… (108)
莫尔达沃玻陨石 Moldavite(见玻璃) …………………………………………… (143)
* 钼铅矿 Wulfenite ………………………………………………………………… (60)

N

* 钠沸石 Natrolite ………………………………………………………………… (144)

O

欧泊 Opal
    天然～Natural ……………………………………………………………… (143,145)
    无变彩～Nonphenomenal ………………………………………………… (143)
    变彩～Phenomenal ………………………………………………………… (145)
    合成～Synthetic …………………………………………………………… (147)

P

拼合石 Assembled Stones ………………………………………… (58,70,148～155)
* 葡萄石 Prehnite ………………………………………………………………… (103,106)

Q

蔷薇辉石 Rhodonite ……………………………………………………………… (82,90)
    透明～Transparent ………………………………………………………… (82)
    半-不透明～Translucent to Opaque …………………………………… (90)
青金石 Lapis Lazuli
    天然 Natural ……………………………………………… (92,113,131,138)
    染色 Dyed ……………………………………………………………………… (139)
    仿制青金石 Imitation ……………………………………………………… (138)

R

软硼钙石 Howlite ………………………………………………………………… (140)
    染色硅硼钙石 Dyed Howlite …………………………………………… (112,140)
软玉 Nephrite(见玉石) ………………………………………………………… (104)

S

* 赛黄晶 Danburite ……………………………………………………………… (102)
珊瑚 Coral ………………………………………………………………… (135～136)
    钙质～Calcareous …………………………………………………………… (135)
    壳质～Conchiolin …………………………………………………………… (136)
* 闪锌矿 Sphalerite ……………………………………………………………… (62)
蛇纹石 Serpentine ……………………………………………………………… (127,141)
* 铯榴石 Pollucite ………………………………………………………………… (133)
石英 Quartz
    天然～Natural ……………………………………………… (121,123,125～126)
    合成～Synthetic …………………………………………………………… (121,123)
石榴石族 Grarnet Group
    铁铝榴石 Almandite …………………………………………………… (64,72,83)

星光铁铝榴石 Star ··· (77)
　　钙铁榴石 Andradite ··· (62)
　　钙铝榴石,透明 Grossularite,Transparent ·································· (85,87)
　　水钙铝榴石 Hydrogrossular ·· (89)
　　镁锰铝榴石 Malaia ··· (83)
　　镁铝榴石 Pyrope ··· (72,83,86)
　　铁镁铝榴石(红榴石)Rhodolite ·· (72,83)
　　锰铝榴石 Spessartite ··· (64)
塑料 Plastic ··· (108,137,147,158)
*苏纪石 Sugilite ··· (107,130)

T

钛酸锶 Strontium Titanate ··· (56)
*天蓝石 Lazulite ·· (101)
坦桑石 Tanzanite(见黝帘石) ··· (96)
铁铝榴石 Almandite(见石榴石族) ·· (64,72,83)
铁镁铝榴石(红榴石)Rhodolite(见石榴石族) ······································ (72,83)
*透锂长石 Petalite ·· (132)
透辉石 Diopside ··· (95)
　　～猫眼 Cat's-Eye ··· (95,109)
　　星光～Star ··· (95,109)
透视石 Dioptase ·· (96)

W

*顽火辉石 Enstatite ·· (97)
微斜长石 Microline(见长石族) ··· (131)
　　*文石 Aragonite ··· (134)

X

象牙 Ivory ··· (140)
*楔石 Sphene ·· (61)
*锡石 Cassiterite ··· (60)
*锌尖晶石 Gahnite ··· (65)
*矽线石 Sillimanite ·· (106)
　　猫眼 Cat's-Eye ··· (110)

Y

钇铝榴石 YAG ··· (57,63)
　　仿钻 Diamond Simulant ··· (57)
　　彩色仿钻 Colored ··· (63)
*阳起石猫眼 Actinotite Cat's-Eye ·· (110)
萤石 Fluorite ··· (144)
硬玉(翡翠)Jadeite ·· (104)
黝帘石 Zoisite ··· (91,96)

坦桑石 Tanzanite ··· (96)
　　锰黝帘石 Thulite ··· (91)
*鱼眼石 Apophyllite ··· (133)
玉髓 Chalcedony ··· (127~131,139)
玉石 Jade
　　翡翠(硬玉)Jadeite ·· (104)
　　　　染色翡翠 Dyed Jadeite ·· (104)

Z

珍珠 Pearl ··· (135)
　　天然~Natural ·· (135)
　　养殖~Cultured ·· (135)
*重晶石 Barite ··· (101)
钻石 Diamond ·· (56,65)
　　无色~Colorless ·· (56)
　　彩色~Colored ·· (65)
*柱晶石 Kornerupine ·· (97)
　　~猫眼 Cat's Eye ·· (109)
*紫硅碱钙石 Charoite ··· (130)
*针钠钙石 Pectolite ··· (106,112)

第二节 超率限(折射率大于1.80的宝石)

折射率	宝石材料	易混淆的宝石材料
2.940—3.220	赤铁矿	仿赤铁矿
2.616—2.903	合成金红石	
	钻石仿制品	锆石,钻石,钛酸锶,钆镓榴石,立方氧化锆,钇铝榴石
	彩色合成金红石	锆石,*榍石
2.417	钻石	钛酸锶,立方氧化锆,钆镓榴石,钇铝榴石,锆石,合成金红石
2.409	钛酸锶	钻石,立方氧化锆,钆镓榴石,钇铝榴石,锆石,合成金红石
2.283—2.405	*钼银铝矿	*锡石,*白钨矿,*榍石,合成金红石,锆石
2.369	*闪锌矿	钙铁榴石,锆石,锰铝榴石,*榍石,*钼铅矿,*锡石,*白钨矿
2.150	立方氧化锆	
	钻石仿制品	钻石,钛酸锶,钆镓榴石,钇铝榴石,锆石,合成金红石
	彩色立方氧化锆	钇铝榴石,钆镓榴石,锰铝榴石,贵榴石
1.997—2.093	*锡石	*钼铝矿,*白钨矿,*榍石,合成金红石,锆石
1.970	钆镓榴石	
	钻石仿制品	钻石,钛酸锶,立方氧化锆,钇铝榴石,合成金红石
	彩色钆镓榴石	立方氧化锆,钇铝榴石,锰铝榴石,闪锌矿
1.925—1.984 至 1.810—1.815	锆石 钻石仿制品	合成金红石,钻石,钛酸锶,立方氧化锆,钆镓榴石,钇铝榴石
	彩色立方氧化锆	合成金红石,*榍石,钙铁榴石,*闪锌矿,锰铝榴石
1.918—1.934	*白钨矿	*锡石,*钼铝矿,*榍石,合成金红石,锆石
1.900—2.034	*榍石	合成金红石,锆石,*钼铅矿,*锡石,*白钨矿,*闪锌矿
1.888	钙铁榴石	*闪锌矿,锆石,*榍石,钇铝榴石

1.833	钇铝榴石	
	钻石仿制品	钻石,钛酸锶,立方氧化锆,钆镓榴石,合成金红石,锆石
	彩色钇铝榴石	立方氧化锆,钆镓榴石,钙铁榴石
1.810	锰铝榴石	贵榴石,*闪锌矿
1.800	*锌尖晶石	钙铁榴石

双折射的钻石仿制品

	锆石	合成金红石
色 散	中等(0.038)	极强(0.330)
双折率	强(0.059)	极强(0.287)
放大检查	可能无瑕,也可能有各种天然包裹体;面棱常有磨损	一般无瑕,可含有气泡
	可为无色	
光 谱	653.5nm 吸收线	黄色、浅蓝色

鉴别索引	关键测试
锆石和合成金红石	色散、双折率、光谱、放大检查、体色(可能)
锆石,合成金红石与单折射钻石仿制品	双折射(也见于"双折射彩色宝石"一节)

钻石和单折射的钻石仿制品(2-1)

	钻石	钛酸锶
色　散	中等(0.044)	极强(0.190)
透视效应	无	无
相对密度	3.52	5.13
亭部火彩	橙和蓝色的闪光	各种光谱色
硬　度	10,面棱很尖锐	5—6,常见抛光不良及面棱磨损
光　泽	金刚光泽	亚金刚光泽至玻璃光泽
放大检查	棱角状包裹体;解理;阶梯状或多片状裂隙;蜡状至粒状腰围面;(絮状物绵绔 breading);三角形原晶面;纹理	通常无瑕,可有气泡,抛光痕;常见磨损圆化的刻面棱
荧　光	通常呈弱至强的蓝色荧光,但也会显示其他颜色的荧光(长波或短波)	常无荧光
光　谱	关键是415.5nm吸收线 有些辐照处理钻石有595nm吸收线	无意义
光谱透视图		特征图式 / 白色

* 这些测试用于比例良好的圆明亮型切工的样品时效果最好。

鉴别索引	关键测试
钻石和钛酸锶	色散、相对密度、硬度、亭部火彩、放大检查、光谱透射图、热导仪
钻石和立方氧化锆	放大检查、透视效应、亭部火彩、荧光、光谱透射图、热导仪、相对密度
钻石和钆镓榴石	放大检查、荧光、透视效应、光谱透射图、热导仪、相对密度
钻石和钇铝榴石	放大检查、透视效应、色散、亭部火彩、光谱透射图、热导仪、相对密度

单折射的钻石仿制品(2-2)

	合成立方氧化锆 CZ	钆镓榴石 GGG	钇铝榴石 YAG
色 散	强(0.060)	中(0.045)	弱(0.028)
透视效应	弱	中等	强
相对密度	5.80±0.20	7.05+0.04/−0.10	4.55±0.05
亭部火彩	大多数刻面上呈橙色闪光	有橙色与蓝色的闪光	大多数刻面上呈蓝色与紫色闪光
硬 度	8.5	6.5	8.5
光 泽	亚金刚光泽	亚金刚光泽至玻璃光泽	亚金刚光泽至玻璃光泽
放大检查	一般无裂隙(瑕 flawless),可含未熔化的氧化铝粉末和气泡	一般无裂隙,可含有气泡	一般无裂隙,可含有气泡
荧 光	从无至弱至中等,橙—黄色荧光(长波);从无至弱至中等,黄或绿,黄色荧光(短波)	无至中等,橙色荧光(长波);中至强,粉橙色荧光(短波)	无至中等,橙色荧光(长波);无至弱,橙色荧光(短波)
光谱透视图	特征图式(比钛酸锶短) 白色	蓝色尖顶 白色 内部顶端黄色	特征图式 白色 内部顶端黄色

* 这些测试用于比例良好的圆明亮型切工的样品时效果最好。

鉴别索引	关键测试
钛酸锶和立方氧化锆	色散、亭部火彩、光谱透射图、相对密度、荧光
钛酸锶和钆镓榴石	色散、相对密度、透视效应、亭部火彩、光谱透射图、荧光
钛酸锶和钇铝榴石	色散、光谱透射图、亭部火彩、透视效应、荧光、相对密度
立方氧化锆和钆镓榴石	荧光、光谱透射图、亭部火彩、色散、透视效应、相对密度
立方氧化锆和钇铝榴石	色散、荧光、光谱透射图、亭部火彩、透视效应、相对密度
钆镓榴石和钇铝榴石	光谱透射图、荧光、亭部火彩、色散、阴影透视效应、相对密度

检测裂隙充填钻石

裂隙充填钻石

放大检查:闪光效应——充填裂隙中可见彩色闪光。暗域照明下,特定位置可见平行于裂隙的彩色闪光。

注意:勿将闪光效应与未处理裂隙的晕彩效应相混淆。平行于裂隙平面观察可见闪光效应,垂直于裂隙平面观察可见晕彩效应。

流体结构:清晰的"融化的"流体结构。

充填裂隙:无未处理裂隙的"羽毛状"外观。

捕掳气泡:充填物中可见捕掳的扁平气泡。

表面未完全充填:外观似明显的白色划痕。

龟裂纹:仅见于较厚的充填部位。

充填化合物的颜色:见于厚的充填区域。充填物可以是无色或黄色。

云雾状充填区域:充填裂隙中偏白色的云雾状区域。

处理痕迹:充填裂隙表面附近可留下处理痕迹。

拼合石仿钻

	合成蓝宝石和钛酸锶二层石 合成尖晶石和钛酸锶二层石	石榴石和玻璃二层石
组成及折射率	冠部:无色合成蓝宝石,1.762—1.770 或无色合成尖晶石,1.728 底部:钛酸锶,2.409(超过折射仪范围)	冠部:石榴石(铁铝榴石),1.790±0.030(可见红旗效应) 底部:玻璃,1.470—1.770(常为1.600—1.770) 接合面通常在冠部
油 浸	在亚甲基碘中,冠部的突起远低于底部	可见红色石榴石冠帽

注意:当石榴石冠的折射率超过 1.800 时,无色石榴石和玻璃构成的二层石常易与钻石相混淆。关于合成蓝宝石和钛酸锶二层石、合成尖晶石和钛酸锶二层石、石榴石和玻璃二层石的其他识别特征可见拼合石一节。

鉴别索引	关键测试
钛酸锶拼合石与钛酸锶	折射率(冠部)、放大检查、荧光、油浸

彩色不透明宝石

	赤铁矿	仿赤铁矿
常见颜色及外观	灰至黑色并具金属光泽,宝石的底面通常抛光	灰至黑色并有金属光泽,宝石的底面通常不抛光
凹雕	雕刻而成	一般为捣印或压制而成
断口	一般为多片,也可呈贝壳状至粒状	贝壳状
磁性	可以有微弱磁性,但不会被吸起	有磁性,常能被吸起来
条痕	红-褐色至深褐色,断口表面常呈红-褐色	常呈褐黑色,也可呈红褐色

鉴别索引	关键测试
赤铁矿和仿赤铁矿	凹雕、外观、断口、磁性

双折射彩色宝石
高到极高的相对密度(5.50+)

	*钼铅矿	*锡石	*白钨矿
常见颜色	黄色,橙色,褐橙色,红橙色,近无色,但无深褐色；颜色通常浓郁	深褐色至黑色,黄褐色,常有色带；例如,褐色中夹有黄色或无色的条带；无橙色	无色,浅至中橙色,黄色
双折率	强(0.122)	强(0.096—0.098)	弱(0.016)
色散	极强(0.203)	强(0.071)	中(0.038)
硬度	2.5—3(常显擦痕,抛光不良)	6—7	4.5—5
光泽	金刚光泽至树脂光泽	亚金刚光泽至金刚光泽	亚金刚光泽
解理	一组	罕见	一组
荧光	无特征	惰性	常见明亮的浅蓝色荧光(短波)；也可为黄色、绿黄色、黄白色荧光
相对密度	6.75±0.25	6.95±0.08	6.12+0.12/−0.10
光谱	见《宝石参考指导》	无特征	见《宝石参考指导》

鉴别索引	关键测试
*钼铅矿和*锡石	颜色、硬度、光泽、光谱、相对密度、色散(可能)
*钼铅矿和*白钨矿	荧光、双折率、相对密度、硬度、色散
*锡石和*白钨矿	荧光、双折率、相对密度、光谱

双折射彩色宝石
中至高的相对密度(3.50—4.73)

	*榍石	合成金红石	锆石
常见颜色	常呈黄褐绿色;黄色,绿色,褐色,橙色	浅黄色,中至深褐橙色,浅至深蓝色	蓝色,褐色,绿色,黄色,橙色,红色(见注3)
双折率	很强(0.100—0.135)	极强(0.287)	弱至强(0.00—0.059)
色散	中至强(0.051)	极强(0.330)(见注1)	弱至中(最大值为0.038)
放大检查	天然包裹体	可含气泡	天然包裹体
多色性	中至强;橙红色,绿黄色,无色	无特征	无特征
解理	二组	无	无特征
荧光	惰性	多变	多变
相对密度	3.52±0.02	4.26±0.03	3.90—4.73
光性	二轴晶	一轴晶	一轴晶
光谱		深橙色和深蓝色合成金红石（见注2）	关键是653nm吸收线,还可能出现其他吸收线。附加光谱见《宝石参考指导》

注1：刻面型宝石最易见色散。宝石的体色可掩盖色散。

注2：也能出现其他光谱。这种材料及其他彩色合成金红石的光谱,可因掺入不同的致色杂质而有明显的变化。

注3：低型锆石虽是双折射的,但因其双折射很弱,而常与单折射材料相混。故亦将其列于折射率大于1.80的单折射有色宝石一节。

鉴别索引	关键测试
*榍石和合成金红石	双折射、色散、解理、放大检查、相对密度、光谱
*榍石和锆石	光谱、双折射、光性特征、色散、解理、相对密度
合成金红石和锆石	双折率、色散、放大检查、光谱

单折射彩色宝石 (4-1)

	*闪锌矿	钙铁榴石	锆石（低型）
常见颜色	橙色，黄色，绿色，红褐色，褐色，或这些颜色的组合色；常有色带	翠榴石：透明，黄绿色至绿色。其他：透明至不透明，黄色至褐黄色，至褐绿色（见注1）	绿色；极少见橙色或带褐色调的（见注2）
色散	强（0.156）	中至强（0.057）	弱
放大检查	液体包裹体、针状物、色带	翠榴石：弯曲的，放射纤维状包体（马尾状包体）；也可呈单纤维状包裹体	明显的平行双晶或环带，白色骨骼状包裹体；很弱或无双折射
光性及偏光反应	单折射；转动上偏光片，可显应变干涉色；勿与双折射混淆	单折射	双折射，但能出现蜕晶反应（呈现干涉色），可显示假二轴晶干涉图
解理	六组	无特征	无特征
硬度	3.5—4	6.5—7	6—7.5
相对密度	4.05±	3.84±	4.00±
光谱	651，667，690nm 吸收线 注意事项：同锆石	绿色很多 黄绿色	

注1：半透明—不透明钙铁榴石通常为绿至褐绿色并出现复杂的双晶结构——"菱形镶嵌式"或"棋盘式"；可有辉光。

注2：低型锆石因其双射率很低，而易与单折射的材料混淆。因此，也将其列在单折射材料一节。附加鉴别资料。

鉴别索引	关键测试
钙铁榴石和闪锌矿	放大检查、解理、硬度、光谱、色散
钙铁榴石和锆石	光性、放大检查、光谱、色散
闪锌矿和锆石	光性、放大检查、解理、硬度、光谱
闪锌矿和锰铝榴石	光谱、解理、色散、硬度、颜色（可能）

单折射的彩色宝石 (4-2)

	立方氧化锆	钆镓榴石	钇铝榴石
常见颜色	除白、灰、黑色外的所有颜色	橙色或黄色	除白、灰、黑、褐色外的所有颜色
放大检查	一般瑕疵,可含有未熔化的氧化锆粉末	一般无裂隙,可含有气泡	一般无裂隙,但有气泡,绿色者可有弯曲条纹
透视效应	弱	中	强
荧 光	多变	多变	蓝色变种:惰性(长波和短波) 粉红色变种:强,绿黄色荧光(长波);中,白垩状绿色荧光(短波) 黄绿色变种:很强,黄色荧光(长波和短波);有磷光 绿色变种:中至强,红色荧光(长波);弱,红色荧光(短波);可发出强烈的红色可见光
相对密度	5.80±0.20	7.05+0.04/-0.10	4.55±0.05
光 谱	浅至浅橙色 深橙色 黄色 紫红色	无特征	浓绿色 浅蓝绿色 黄色

注1:体色可影响外观透视效应。切工比例好的圆明亮型效果最好。
注2:这三种材料有很多其他的光谱及荧光反应。
注3:聚集光源下,绿色钇铝榴石可发出强红色可见闪光。

鉴别索引	关键测试
钆镓榴石和立方氧化锆	相对密度、透视效应、阴影图
钆镓榴石和钇铝榴石	相对密度、透视效应、阴影图
立方氧化锆和钇铝榴石	相对密度、透视效应、阴影图

单折射彩色宝石 (4-3)

	锰铝榴石	铁铝榴石
常见颜色	橙色，褐-橙色，黄橙色，红-橙色，颜色中总含有橙色成分，无紫色成分	红色，褐红色，浅紫红色，紫红色，色调常较深
折射率	1.810+0.004/−0.020	1.790±0.030
放大检查	伟晶岩成因的典型包裹体：两相包裹体，羽毛状的液体包裹体 **注意**：锰铝榴石一般见于火成岩中；其他石榴石常有不同的包裹体	典型的石榴石包裹体：针状包裹体，通常在同一平面上70°及110°角相交，高及低突起的晶体包裹体，具应力晕的锆石晶体包裹体 **注意**：一般发现于接触变质成因的岩石中，比锰铝榴石含有更为多样的包裹体
光 谱	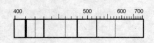 浅橙色（见注）	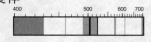 505，525，575nm 关键吸收线（见注）

注：铁铝榴石的最强吸收线在 500～510nm 范围内，而锰铝榴石的最强吸收线在 430nm 处。

鉴别索引	关键测试
锰铝榴石和铁铝榴石	颜色、折射率、光谱、放大检查（可能）
锰铝榴石和闪锌矿	光谱、解理、色散、颜色（可能）
锰铝榴石、铁铝榴石和石榴石玻璃二层石	放大检查、折射率（顶部和底部），也见于"拼合石，折射率 1.70—1.80"一节

单折射的彩色宝石 (4-4)

	*锌尖晶石	钻石
常见颜色	深绿色，在反射光下近于黑色	可为任意的颜色，常见黄色和褐色
折射率	1.800＋0.005/－0.010，可能在折射仪上可测得其折射率	注：其鉴定特性见"钻石和单折射钻石仿制品"一节
裂理	一组	无特征
解理	无特征	四组；阶梯状断口
相对密度	4.55±	3.52±
光谱		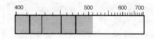

注：见《宝石参考指导》中的镁锌尖晶石

浅黄色变种

褐色变种

浓黄色变种

浓黄色变种

注：其他颜色钻石及处理钻石的光谱见《宝石参考指导》

第三节　折射率 1.70—1.80 的宝石

折射率	宝石材料	易混淆的宝石材料
1.790	铁铝榴石（贵榴石）	锰铝榴石、铁镁铝榴石、镁铝榴石、铁锰铝榴石、红宝石（刚玉）、合成红宝石（合成刚玉）
	星光铁铝榴石	星光红宝石（刚玉）、合成星光红宝石（合成刚玉）
1.762—1.770	刚玉	
	红宝石	合成红宝石（合成刚玉）、铁铝榴石、镁铝榴石、铁锰铝榴石、铁镁铝榴石
	蓝宝石	合成蓝宝石（合成刚玉）、金绿宝石、合成金绿宝石、*硅酸钡钛矿
	星光红宝石	合成星光红宝石（合成刚玉）、星光铁铝榴石
	星光蓝宝石	合成星光蓝宝石（合成刚玉）
1.762—1.770	合成刚玉	
	合成红宝石	红宝石（刚玉）、铁铝榴石、镁铝榴石、铁镁铝榴石、铁锰铝榴石
	合成蓝宝石	蓝宝石（刚玉）、金绿宝石、合成金绿宝石、*硅酸钡钛矿、*蓝铜矿
	合成星光红宝石	星光红宝石（刚玉）、星光铁铝榴石
	合成星光蓝宝石	星光蓝宝石（刚玉）
1.757—1.804	*硅酸钡钛矿	蓝宝石（刚玉）、合成蓝宝石（合成刚玉）、*蓝铜矿
1.746—1.755	金绿宝石	合成金绿宝石、蓝宝石（刚玉）、合成蓝宝石（合成刚玉）、*绿帘石
1.742	铁锰铝榴石	锰铝榴石、铁铝榴石、镁铝榴石、铁镁铝榴石、钙铝榴石
1.742	铁镁铝榴石	铁铝榴石、镁铝榴石、铁锰铝榴石、尖晶石、合成尖晶石、红宝石（刚玉）、合成红宝石（合成刚玉）、钙铝榴石
1.746	镁铝榴石	铁铝榴石、铁锰铝榴石、铁镁铝榴石、尖晶石、合成尖晶石

1.740	钙铝榴石	尖晶石、合成尖晶石、镁铝榴石、铁锰铝榴石、符山石
1.730—1.836	*蓝铜矿	青金石、青金石仿制品、染色碧玉（玉髓）、方钠石
1.733—1.747	蔷薇辉石	菱锰矿、水钙铝榴石、*绿帘花岗岩、锰黝帘石（黝帘石）、*绿帘石
1.729—1.768	*绿帘石	金绿宝石、*蓝晶石、符山石、蔷薇辉石
	*绿帘花岗岩	锰黝帘石（黝帘石）、蔷薇辉石
1.728	合成尖晶石	尖晶石、透明钙铝榴石、镁铝榴石、符山石
1.720	半透明钙铝榴石	符山石、蔷薇辉石、菱锰矿、*绿帘花岗岩、锰黝帘石（黝帘石）
1.718	尖晶石	合成尖晶石、透明钙铝榴石、镁铝榴石、符山石
1.716—1.731	*蓝晶石	*绿帘石、黝帘石、符山石、蔷薇辉石、金绿宝石
1.731　1.718	符山石	半透明钙铝榴石、*绿帘石、*蓝晶石、尖晶石、合成尖晶石、透明钙铝榴石

刚玉特征综述（10-1）

未处理及处理天然刚玉（红宝石、蓝宝石）

	未处理天然刚玉	热处理天然刚玉	扩散处理天然刚玉
折射率	1.762—1.770	1.762—1.770	1.762—1.770
放大检查	一般包体：高突起或低突起的角状包体或圆形晶体；指纹状包体；两相包体；六边形生长带；平直色带；发育良好的针状包体，在同一平面内呈60°角；双晶纹；裂理（假解理）；未破裂的丝绢状（完整的金红石针）包体显示虹彩效应；连续的液相二氧化碳包体（不同于熔融崩裂，逐渐冷却会生成气泡），完整的矿物包体	热处理特征：圆饼形裂隙、应力纹（包裹体膨胀导致圆饼状裂隙，愈合边缘呈带状）；"雪球状"或"棉絮状"包体（有圆化及灼烧的痕迹，可能带白色调）；破裂的丝状包体（金红石部分消融）；断裂的负晶及两相包体；指纹状包体和矿物包体因热处理可能发白色，及产生流体状；烧结的表面区域，腰棱周围更明显	扩散处理特点（油浸法最易见）：热处理特征（见左栏），颜色扩散；颜色沿面棱及腰棱聚集，颜色呈区域或斑状聚集。凹坑和裂隙可见颜色"流血状"分布。扩散星光刚玉：金红石针聚于表面浅层（除上述特征外）。有晶核的刚玉可能为合成刚玉。其他可见特征：可有不自然的流水状外观，油浸液中面棱和腰棱突起蓝色 可能为白垩状
荧光		红宝石：可出现白垩状荧光 蓝宝石：可出现黯淡的粉绿色荧光（短波），无橙色反应（长波） 黄色刚玉：常为惰性 金色刚玉：常为惰性 橙色刚玉：常为惰性	黄绿色荧光（短波）

注意：以上仅为热处理刚玉的特征，可能有些特征相互矛盾。高温热处理的证据有时不足以作出鉴定，若有怀疑，请不要得出热处理的鉴定结论。

刚玉特征综述（10-2）

合成刚玉（合成红宝石、合成蓝宝石）

	助熔剂法合成刚玉	焰熔法合成刚玉	晶体提拉法合成刚玉
常见颜色及外观	红色红宝石；粉红色、蓝色、粉橙色刚玉；无特殊光学效应变种	可合成所有颜色和特殊光学效应的变种	常见红色（红宝石），粉红色，黄色，无色刚玉；星光红宝石
放大检查	助熔剂包体（一般为白色，高突起，可有两相包体）；"模糊面纱状"包体（类似指纹状包体）；粗糙的助熔剂包体（水珠形，可呈暗色；水滴状，管状，或毛刺状）；助熔剂可呈小液滴、短线或小微粒组成的云雾状；可能有种晶（罕见），种晶可带紫红色调或有天然刚玉包体；可有平行生长面；可有三角形或六角形小片或短粗的针状包体（三角形小片是合成的特有标志）；助熔剂包体可为近无色、白色、黄色至橙色；可有玻璃状、糖浆（sugary）状或多裂隙结构	弯曲生长线（条纹或色带）；气泡（成串气泡看似针状包体）；常洁净无瑕。弯曲条纹易与抛光痕相混淆，弯曲条纹属于内部特征，略弯曲，且穿过刻面棱。可为淬火裂纹至朦胧的弯曲条纹。罕见双晶面，指纹状包体及针状包体。鉴别特征：常常抛光不好，大多数刻面见抛光痕；快速抛光痕（无规则表面擦痕）；常为明亮型切工或对称的剪型切工（scissors cut）；常为数毫米大小的标准切工；透过腰棱可见干涉色（见注）。	通常无裂隙，可有弯曲条纹；气泡；似烟雾的漩涡形模糊面纱状包体（尤其合成星光红宝石）

注意：上述特征具有指示性，说明样品可能为合成。但仍不足以证明，需进一步检测。

天然红宝石、蓝宝石与拼合石刚玉 (10-3)

	天然红宝石； 天然蓝色蓝宝石	蓝宝石、合成红宝石二层石； 蓝宝石、合成蓝宝石二层石
折射率	1.762—1.770	1.762—1.770，冠部略高
放大检查	天然刚玉包体（见"刚玉特征综述10-1"）	冠部薄，桶形亭部；腰棱结合面；侧面易见绿色冠部与红色或蓝色的亭部。 冠部：一般为天然绿色蓝宝石，可有天然刚玉包体（见"刚玉特征综述10-1"） 亭部：焰熔法合成红宝石或合成蓝色刚玉；焰熔法包体（见"刚玉特征综述10-2"） 冠部：惰性 亭部：见焰熔法合成红宝石及焰熔法合成蓝宝石（见"刚玉特征综述10-4、10-6"）
荧 光	见天然红宝石和天然蓝宝石（见"刚玉特征综述10-4、10-6"）	

相同颜色天然、合成刚玉鉴别（10-4）
红宝石、合成红宝石

	红宝石	合成红宝石（助熔剂法）	合成红宝石（焰熔法）
放大检查	见"刚玉特征综述10-1"	见"刚玉特征综述10-2"	见"刚玉特征综述10-2"
荧　光	弱至强,红色荧光（短波及长波）；短波下易观测；略弱于合成红宝石标样特征 仅有指示意义	强,红色（长波）；短波下稍弱；常略强于天然红宝石；可出现带蓝色调的色彩标样特征 仅有指示意义	强,红色（长波和短波）；短波下易观测；常略强于天然红宝石标样特征 仅有指示意义
光　谱	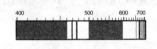	同天然	同天然

	合成红宝石（提拉法）	合成红宝石（水热法）	合成红宝石（悬浮区域熔炼）
常见颜色	红色	红色	红色
放大检查	见"刚玉特征综述10-2"	明显的盾形生长带,偶见蓝色（含铜）晶体包体	有时变形的气泡；罕见金属包体
荧　光	强,红色（长波、短波）；短波下易观测；略强于合成红宝石标样特征 仅有指示意义	弱至中,红色（长波）；惰性至弱红色（短波）	强至很强,红色（长波）；中至强,红色（短波）
光　谱	同天然	同天然	同天然

附加鉴别 (10-5)

	红宝石、合成红宝石（焰熔法）	红榴石（铁铝榴石）
光性特征	双折射，一轴晶	单折射
多色性	中至强，橙红色，紫红色	无
荧 光	强，红色（长波、短波）；短波下易观测；合成红宝石荧光略强标样特征仅有指示意义	惰性
折射率	1.762—1.770	1.72—1.80以上；见铁铝榴石、铁镁铝榴石、铁镁榴石
光 谱	同天然红宝石	见铁铝榴石、铁镁铝榴石、铁镁榴石

鉴别索引	关键测试
红宝石与合成红宝石	放大检查、荧光（条件允许）
红宝石与红榴石	折射率、光性、光谱、多色性、荧光
合成红宝石与红榴石	折射率、光性、放大检查、光谱、多色性、荧光

相同颜色天然/合成刚玉鉴别 (10-6)

	蓝宝石	合成蓝宝石（助熔剂法）	合成蓝宝石（焰熔法）	合成蓝宝石（提拉法）
放大检查	见"刚玉特征综述10-1"	见"刚玉特征综述10-2"	见"刚玉特征综述10-2"	见"刚玉特征综述10-1"
荧 光	通常为惰性；可有红至橙色荧光（长波），可有弱粉蓝色或黄绿色荧光（短波）	弱至中，粉蓝色至黄绿色（短波）；惰性（长波）	弱至中，粉蓝色至黄绿色（短波）；惰性（长波）	弱至中，粉蓝色至黄绿色（短波）；惰性（长波）
光 谱	（光谱图）	无	无	无

	粉红色蓝宝石	合成粉红色蓝宝石（助熔剂法）	合成粉红色蓝宝石（焰熔法）	合成粉红色蓝宝石（提拉法）
放大检查	见"刚玉特征综述10-2"	见"刚玉特征综述10-2"	气泡；少见弯曲条纹	见"刚玉特征综述10-2"
荧 光	强橙红色至强红色（长波），微弱至弱，橙色至红色（短波）	中至强红色至橙红色；可能呈白垩状（长波）；中等红色至强橙红色，可能出现白垩状（短波）；长波与短波下的强度大致一样	中至强红色（长波）；弱橙红至粉-紫色（短波）	惰性到中至强红色或粉红色；没有白垩状（长波）；中等红色至粉红色；弱至中到强蓝色；微弱至严重的白垩状

相同颜色天然/合成刚玉鉴别 (10-7)

	无色刚玉	合成无色刚玉（焰熔法、提拉法）
放大检查	见"刚玉特征综述 10-1"	气泡
荧　光	橙色至橙红色至红色（长波、短波）	无色至蓝白色（短波）

鉴别索引	关键测试
蓝色刚玉与合成蓝色刚玉	放大检查、光谱、荧光（可能）
粉红色刚玉与合成粉红色刚玉	放大检查、荧光（可能）
无色刚玉与合成无色刚玉	放大检查、荧光

	黄色刚玉	合成黄色刚玉（焰熔法、提拉法）
放大检查	见"刚玉特征综述 10-1"	气泡。可见弯曲色带（用蓝色滤色镜易观察）
荧　光	如果无吸收光谱，通常有荧光：清晰的黄橙色至红橙色荧光（长波、短波；长波为关键）	一般为惰性（长波）；弱橙红色（短波）。若有 690nm 吸收线，则有弱至中等红色荧光（长波）；稍弱（短波）
光　谱	注意：同蓝宝石，见《宝石参考指导》 注意：热处理黄色和橙色无吸收光谱	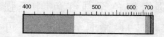

注：690nm 吸收线不能证明所测样品是合成的，但天然宝石有铁吸收线。出现 690nm 吸收线同时无铁吸收线则是合成的强烈指示。460nm 的吸收截止边也是合成刚玉的重要标志。热处理的刚玉通常无铁吸收线。

相同颜色天然/合成刚玉鉴别 (10-8)

	橙色刚玉	合成橙色刚玉（焰熔法）	合成橙色刚玉（助熔剂法）
放大检查	见"刚玉特征综述10-1"	气泡；罕见蓝色生长线（用蓝色滤色镜易观察）	助熔剂包体（见"刚玉特征综述10-2"）
光 谱			无特征

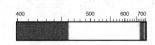

	变色蓝宝石	合成变色蓝宝石（助熔剂法）
放大检查	见"刚玉特征综述10-1"	气泡，弯曲条纹；几乎都有弯曲条纹
荧 光	惰性至弱红色（长波）；惰性至粉蓝色（短波）	惰性至中等橙色（长波）
光 谱		

	绿色蓝宝石	合成绿色蓝宝石（焰熔法）（罕见）
放大检查	见"刚玉特征综述10-1"	气泡，罕见弯曲生长线
荧 光	惰性	弱橙红色（长波），暗褐红色（短波）

鉴别索引	关键测试
黄色蓝宝石与合成黄色蓝宝石	放大检查、光谱、荧光（可能）
橙色蓝宝石与合成橙色蓝宝石	放大检查、光谱
变色蓝宝石与合成变色蓝宝石	放大检查、光谱、荧光（可能）
绿色蓝宝石与合成绿色蓝宝石	放大检查、光谱、荧光
蓝宝石（所有变种）与金绿宝石（所有变种）	折射率、光性特征、光谱（可能）

星光刚玉、石榴石鉴别 (10-9)

	天然星光红宝石、蓝宝石	星光合成蓝宝石、红宝石（焰熔法）	合成星光红宝石
点测法折射率	1.76 或 1.77	1.76 或 1.77	1.76 或 1.77
光　性	双折射	双折射	双折射
放大检查	典型的刚玉包体（见"刚玉特征综述10-1"）；常有平直或六边形生长带	气泡（用反射光或透射光照，常易见其位于表面下），外观似白色或彩色的点；弯曲生长线（反射光下易见其位于弧面型宝石的底平面）	发育非常完好的针状包体；蓝白色烟状漩涡纹；气泡
鉴别指示	半透明至不透明；高、中、低弧面型，常常为保留重量或加深颜色而磨成双弧面型	半透明至不透明；高、中、低弧面型，平面底面，星线清晰；也可以是半透明至不透明，低至中等弧面，平或略圆的底面，星线不清晰（外观更自然）	半透明，星线非常自然，略有波浪状
荧　光	见各种颜色刚玉	见各种颜色合成刚玉	很强的红色荧光（长波）；强至很强的红色荧光，带有中至强的白垩状蓝色色调（短波）
光　谱	见各种颜色刚玉	见各种颜色合成刚玉	同天然

鉴别索引	关键测试
星光蓝宝石与合成星光蓝宝石	放大检查、光谱（可能，依各种颜色的蓝宝石及合成蓝宝石而定）
星光红宝石与合成星光红宝石	放大检查、荧光（可能）
星光红宝石与星光铁铝榴石	光性特征、放大检查、多色性、光谱、荧光、折射率（可能）
合成星光红宝石与星光铁铝榴石	光性特征、放大检查、多色性、光谱、荧光

星光刚玉、石榴石鉴别（10-10）

	扩散产生的星光红宝石、蓝宝石	星光铁铝榴石
点测法测折射率	1.76 或 1.77	1.76—1.80 以上，常为 1.80 以上
光性特征	双折射	单折射
放大检查	扩散处理的刚玉包体特征（见"刚玉特征综述 10-1"）；金红石针仅限于表面薄层，与合成星光红宝石的金红石针非常相像，若有籽晶则可能是合成宝石	黑色盘状包体
鉴别标志	星线清晰锐利，不自然；颜色仅限于表面，腰棱颜色集中	一般为四射星光；呈 70°—110° 交角；可有六射或八射星光
荧光	无特征	惰性
光谱	无特征	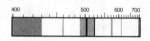

双折射的透明宝石
金绿宝石/合成金绿宝石 (2-1)

	变石	合成变石（助熔剂法）	合成变石（提拉法）
折射率	1.746—1.755	可能略低于天然的；无特征	通常略低于天然的；无特征
双折率	0.008—0.010	同天然	0.007—0.009
光性及光符	二轴晶（+）	二轴晶（+）	二轴晶（+）
放大检查	无特征包裹体，但可呈现指纹状、棱角状包裹体（晶态包裹体等），液体包裹体，丝状物包裹体；双晶	典型的助熔剂包裹体：模糊的面纱状包裹体，滴状、毛刺状或粗糙的助熔剂包裹体；常呈白色，并具高突起（在视域中可呈暗色）；也可呈褐色或黄色。均匀的平行生长面（威尼斯百叶窗效应）。三角形和/或六方形小金属片。短粗针状包裹体	一般无瑕疵；可出现弯曲条纹和极小的气泡
荧 光	弱，红色（长波和短波）	中至强，红色（长波和短波）	强，红色（长波和短波）

	天然/合成变色蓝宝石
折射率	1.762—1.770
双折率	0.008
光性及光符	一轴晶（-）
放大检查	见"相同颜色天然/合成刚玉鉴别10-8"
荧 光	见"相同颜色天然/合成刚玉鉴别10-8"
光 谱	见"相同颜色天然/合成刚玉鉴别10-8"

注：三角形晶片是合成物的强有力指示标志。

双折射的透明宝石
金绿宝石/合成金绿宝石 (2-2)

	金绿宝石猫眼	合成变石金绿宝石猫眼（提拉法）
常见颜色	黄色、绿色、褐色，或这些色调的组合色	颜色变化：通常为紫红色至强蓝绿色
放大检查	天然包体，形态极完好的针状包体	通常无瑕疵；可有气泡或弯曲色带
荧 光	惰性	中至强，红色
光 谱	无特征	见《宝石参考指导》

	透明金绿宝石	绿色/黄色蓝宝石
常见颜色	绿色、黄色、褐色，或这些色调的组合色	黄色、绿色、褐色，或这些色调的组合色
折射率	1.746—1.755	1.762—1.770
光性及光符	二轴晶（＋）	一轴晶（－）
荧 光	绿色者：一般为惰性；黄色者：无到黄绿色（短波）	见"相同颜色天然/合成刚玉鉴别 10-7、10-8"
光 谱	关键是 445nm 处的吸收带	同蓝色者，见《宝石参考指导》

注意事项：黄色和绿色金绿宝石与黄色和绿色蓝宝石的光谱相同。

鉴别索引	关键测试
变石金绿宝石与合成变石金绿宝石	放大检查、荧光（可能）
金绿宝石与刚玉（所有变种）	折射率、光性、光谱（可能）

双折射透明宝石 (3-1)

	天然/合成蓝色蓝宝石	*蓝锥矿
常见颜色及外观	蓝色至紫蓝色，至绿蓝色；可有色带	蓝色；紫蓝色；常有浅蓝色、无色或白色的色带；无绿色结晶习性为三方双锥
色散	弱（0.018）	中（0.044）
折射率	1.762—1.770	1.757—1.804
双折率	0.008	0.047（用双折率闪烁法）
放大捡查	见"刚玉特征综述10-1、10-2"	各种天然包裹体
光性及光符	一轴晶（－）	一轴晶（＋）
多色性	中至强，紫蓝色和绿蓝色	强，通常为蓝色或无色
荧光	见"相同颜色天然/合成刚玉鉴别10-6"	可具强荧光性，白垩状蓝色（短波）；一般比蓝色蓝宝石强
解理	无	无
相对密度	4.00±	3.68±

鉴别索引	关键测试
天然/合成蓝宝石与*蓝锥矿	双折率、多色性、荧光、色散、相对密度
*蓝锥矿与蓝铜矿	折射率（低值折射率）光性、多色性、颜色

双折射透明宝石 (3-2)

	*绿帘石	*蓝晶石	透明符山石
常见颜色	深绿色、绿褐色、褐绿色、绿色、褐色、黄色；常为深色调；晶体一般有条纹	浅至中蓝色或绿色；一般有蓝色、绿色和/或无色的条纹，纤维状外观	黄绿色至黄褐色
折射率	1.729—1.768± 常为 1.720—1.740	1.716—1.731	1.713—1.718
双折率	0.019—0.045	0.012—0.017	0.001—0.012 注意:可能看不出双折射
光性及光符	二轴晶（－）；可呈假一轴晶干涉图	二轴晶（－）	一轴晶（±）；在偏光镜下可呈应变干涉色
多色性	绿褐色变种常为强的绿色、褐色和黄色	中等，紫至蓝色、蓝色和无色	弱，较浅或较深的体色
解理	一组	二组	无
相对密度	3.40±	3.62±	3.40±
光谱	有方向性 455nm 的关键吸收带		总显示 464nm 的关键吸收线

鉴别索引	关键测试
*绿帘石与*蓝晶石	颜色、多色性、光谱、解理
*绿帘石与透明符山石	双折率、光性、光谱、解理
*蓝晶石与透明符山石	双折率、光性、光谱、解理、相对密度、颜色（可能）
*绿帘石与黝帘石（坦桑石）	颜色、折射率、多色性、光谱
*绿帘石与透明蔷薇辉石	折射率、解理、光谱
透明符山石与尖晶石	双折率（注意：透明符山石在折射仪上可呈单折射，偏光镜下呈应变干涉色）、光性、光谱、相对密度

双折射透明宝石（3-3）

	透明蔷薇辉石	透明菱锰矿
常见颜色	红色、桃红色、褐红色至紫红色；一般比菱锰矿更偏紫色调	红色、粉红色、浅褐红色、橙至红色、橙粉红色；一般比蔷薇辉石更偏橙色调
折射率	1.733—1.747	1.597—1.817
双折率	0.010—0.014	0.220（用双折率闪烁法）
光性及光符	二轴晶（一）	一轴晶（一）
解理	两组	三组
光谱	见《宝石参考指导》	见《宝石参考指导》

注：蔷薇辉石和菱锰矿均由锰致色。若用光谱鉴定它们，则应多加小心。

鉴别索引	关键测试
透明蔷薇辉石与透明菱锰矿	折射率、双折率、光性

单折射透明宝石 (6-1)

	铁铝榴石	铁镁铝榴石（红榴石）	镁铝榴石
常见颜色	红色至褐红色至紫红色；常为深色调，低折射率者可显橙红色	紫色至紫红色（见注1）	红色至很浅的褐红色常为深色调
折射率	1.760 至大于 1.800	1.740—1.770	1.720—1.756；很少低于 1.735，常为 1.740—1.750
放大检查	都含有基本相同的石榴石包裹体；在同一平面内常以 70°和 100°相交的针状、高或低突起的晶体包体；有应变晕的锆石包体（铁铝榴石中最常见，镁铝榴石中最少见）	（同左）	（同左）
光谱	505nm，525nm，575nm 的关键吸收线	同铁铝榴石（见注2）	注：并非所有的镁铝榴石都显示铬吸收线

	镁锰铝榴石（镁铝榴石-锰铝榴石）
常见颜色	浅至深，红橙色至黄橙色，见以下石榴石最新鉴别资料
折射率	1.742—1.779
放大检查	同上表
光谱	见《宝石参考指导》

注1：商业上把任何见有紫红色至红色的石榴石叫做红榴石，而不管它的性质如何。

注2：若某一石榴石的折射率在 1.740—1.770 之间，呈紫红至紫红色，并具铁铝-镁铝榴石光谱，即应定为铁镁铝榴石（见石榴石最新鉴别资料）。

注意：拼合石——看到折射率在铁铝榴石折射率范围内的单折射宝石时，总先考虑其可能是石榴石和玻璃组成的二层石。

最新石榴石鉴别资料

铁镁铝榴石是铁铝榴石-镁铝榴石的一个变种，是一种中间过渡型石榴石。为了便于鉴别，将其单列为一个种。镁锰铝榴石是镁铝榴石和锰铝榴石的一个变种，也是一种中间过渡型石榴石。为了便于鉴别，也将其单列为一个种。变色石榴石也是镁铝榴石-锰铝榴石的一个变种，折射率和光谱与铁锰铝榴石相似。

单折射透明宝石 (6-2)

鉴别索引	关键测试
铁铝榴石与镁铝榴石	折射率、光谱
铁铝榴石与铁镁铝榴石	折射率和/或颜色（见注2）
铁铝榴石与镁锰铝榴石	折射率、光谱
铁铝榴石与锰铝榴石	见折射率大于1.80的单折射宝石
铁铝榴石与铁钙铝榴石	颜色、光谱、折射率
铁镁铝榴石与镁铝榴石	颜色、光谱、折射率（可能）
铁镁铝榴石与镁锰铝榴石	颜色、光谱、折射率（可能）
镁铝榴石与镁锰铝榴石	颜色、光谱、折射率（可能）
镁铝榴石与红色尖晶石及合成红色尖晶石	折射率、放大检查、荧光
镁铝榴石与铁钙铝榴石	颜色、光谱、折射率、放大检查（可能）
铁锰铝榴石与铁钙铝榴石	折射率为1.80至大于1.80时才可能混淆
红榴石与红色刚玉	光性、多色性、荧光、折射率、光谱

单折射透明宝石 (6-3)

	尖晶石	合成尖晶石（焰熔法/助熔剂法）	透明钙铝榴石
常见颜色	可能出现任何颜色；大多数颜色浓郁；无色，浅绿色者罕见。可出现变色。见下页按颜色分类鉴别	焰熔法：除了紫色、褐色、白色和灰色外的任何颜色；可呈现变色 助熔剂法：最常见红色和蓝色 三层石：通常呈深绿色、黄绿色或紫色 见下页按颜色分类鉴别（见注2）	铁钙铝榴石变种：中至深橙色至褐-橙色 铬钒钙铝榴石变种：中浅至深绿，至黄绿色 其他变种：无色至黄色
折射率	1.718+0.017/−0.008	焰熔法：1.728+0.012/−0.008 助熔剂法：1.714—1.719±0.003	1.730—1.760 铁钙铝榴石的折射率接近1.760，其他变种略低
放大检查	常见八面体负晶，可单独出现或存在于指纹状构造中；晶体包裹体；氧化铁斑点	焰熔法：可能有气泡（可呈线状、管状或棱角状）；弯曲生长线（仅见于红色变种） 助熔剂法：橙褐色至黑色助熔剂包体，单独出现或存在于指纹状构造中；金属小片	铁钙铝榴石变种：热浪或搅动效应；粗糙的、浑圆状的低突起晶体包裹体； 其他变种：各种天然包体
偏光反应	单折射；很少出现异常双折射；无交叉阴影线（见注1）	焰熔法：强异常双折射；具典型的交叉阴影线；可呈蛇状条带或铁十字效应 助熔剂法：同天然	单折射；铁钙铝榴石普遍呈现强异常双折射和可能是应变干涉色

注1：透明符山石可与尖晶石混淆，见符山石部分。
注2：油浸有助于检查三层石，见拼合石部分。

单折射透明宝石 (6-4)

	红色尖晶石	镁铝榴石	合成红色尖晶石（助熔剂法）
折射率	1.718±0.006	常见 1.740—1.750	1.719±0.003
放大检查	见尖晶石	见镁铝榴石	见合成尖晶石
荧 光	弱至强，红色至橙色（长波）；无至弱，红色或橙-红色（短波）	惰性	强，紫红色至浅橙红色（长波）；中至强，浅橙红色（短波）

	合成红色尖晶石（焰熔法）（罕见）
折射率	1.728＋0.012/－0.08，多在 1.720 左右
放大检查	见合成尖晶石，"单折射透明宝石 6-3"
荧 光	强，红色（长波）；惰性至中，红色（短波）

注：无荧光不能作为鉴定依据，但存在荧光则可排除镁铝榴石。

	无色尖晶石（罕见）	合成无色尖晶石
折射率、放大检查和偏光反应	见尖晶石	见合成尖晶石
荧 光	无至中，橙色至橙-红色（长波）	中至强，蓝色或绿蓝色（短波）；可能发弱绿色荧光（长波）

单折射透明宝石 (6-5)

	浅绿色尖晶石（罕见）	合成浅绿色尖晶石（焰熔法）	黄绿色、浅绿色、浅黄色透明钙铝榴石
折射率	1.712—1.724	1.720—1.740，一般为 1.728	1.730—1.745，一般为 1.735—1.740
放大检查及偏光反应	见尖晶石	见合成尖晶石	见透明钙铝榴石
荧 光	无至中，橙至橙红色（长波）；可与透明钙铝榴石相同	强，黄绿色（长波）；中，黄绿色（短波）	无至中，黄色、黄橙色或橙色（长波和短波）；长波的反应好
光 谱	无特征	无特征	无特征

鉴别索引	关键测试
浅绿色尖晶石（罕见）与合成浅绿色尖晶石	放大检查、折射率、荧光、偏光反应
浅绿色尖晶石（罕见）与透明浅绿色钙铝榴石	折射率（包裹体和荧光的特征可能一致）
合成浅绿色尖晶石与透明浅绿色钙铝榴石	放大检查、荧光
红色尖晶石与合成红色尖晶石	放大检查
红色尖晶石与镁铝榴石	折射率、荧光（相对密度、光谱和包裹体等特征可能相似）
合成红色尖晶石与镁铝榴石	放大检查、折射率、荧光
无色尖晶石（罕见）与合成无色尖晶石	放大检查、折射率、荧光、偏光反应

单折射透明宝石 (6-6)

	蓝色尖晶石	合成蓝色尖晶石（焰熔法）	合成蓝色尖晶石（助熔剂法）
折射率 放大检查和 偏光反应	可与合成蓝色尖晶石一致 见尖晶石	可与蓝色尖晶石一致 见合成尖晶石	可与蓝色尖晶石一致 见合成尖晶石
荧 光	铁致色变种：惰性 钴致色变种：弱至中，红色（长波）	浅蓝色变种：弱至中，橙色（长波）；白垩状蓝色（短波） 中蓝色变种：强，红色（长波）；强，蓝白色（短波） 深蓝色变种：强，红色（长波）；强，斑驳蓝色（短波）	弱至中，浅白垩状红色至红紫色（长波）；稍强（短波）
滤色反应	铁致色变种：惰性 钴致色变种：弱橙色至红色	红色	红色至橙红色
光 谱	见《宝石参考指导》	见《宝石参考指导》	见《宝石参考指导》

注意：在强光照射下，钴致色的深蓝色尖晶石及合成尖晶石可发出具可见亮度的红色闪光。

鉴别索引	关键测试
蓝色尖晶石与合成蓝色尖晶石（焰熔法与助熔剂法）	放大检查、光谱（可能）、偏光反应（可能）、荧光（可能）；滤色反应（可能）

半透明至不透明的宝石 (4-1)

	半透明符山石	水钙铝榴石
常见颜色及外观	半透明至不透明、黄绿色、绿色、褐绿色；无红色和粉红色	半透明至不透明，粉红色或绿色；粉红色变种常带褐色调；也可能有白色、灰色；可含黑色包裹体。
折射率	点测法 1.70 或 1.71；可略低	点测法常为 1.72，可能更低
双折率	很少呈现双折射	无
光谱	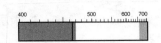	
	绿色变种，464nm 吸收线	粉红色变种，464nm 吸收线

		绿色变种

鉴别索引	关键测试
符山石与半透明绿色钙铝榴石	光谱、折射率和相对密度（若可能）
半透明粉红色钙铝榴石与蔷薇辉石	外观、光谱、折射率
半透明粉红色钙铝榴石与菱锰矿	外观、折射率、双折率、光谱
符山石与硬玉	折射率、光谱
半透明绿色钙铝榴石与硬玉	折射率、光谱

注意：勿将半透明的绿色钙铝榴石 460nm 的阴影截止边与符山石 464nm 的吸收线混同。

半透明至不透明宝石 (4-2)

	蔷薇辉石	菱锰矿
常见颜色及外观	半透明至不透明，红色、粉红色、褐红色至紫红色；可含（似金属的）黑色细脉或氧化锰黑斑	半透明至不透明，红色、粉红色、浅褐红色、橙-红色，橙粉红色；也可为透明；在局部可呈浅褐色；可有似玛瑙的条带（肉丝状条纹效应）；可能抛光不良
折射率	点测法 1.73 或 1.74 由于在蔷薇辉石集合体中存在石英杂质，因而可能测得 1.54 的折射率	1.597—1.817；点测法 1.60
双折率	蔷薇辉石的集合体很少呈双折射	0.220（用双折率闪烁法）
相对密度	3.50+0.26/-0.20	3.70，经常较低；3.60+0.10/-0.15
光 谱	见《宝石参考指导》	见《宝石参考指导》

注意：因蔷薇辉石和菱锰矿都是由锰致色，鉴别中若利用光谱应多加小心。

鉴别索引	关键测试
蔷薇辉石与菱锰矿	折射率、双折率
蔷薇辉石与绿帘花岗岩	颜色、外观、光谱、相对密度
蔷薇辉石与黝帘石	颜色、外观、折射率

半透明至不透明宝石（4-3）

	黝帘石、锰黝帘石变种	*绿帘花岗岩
常见颜色及外观	半透明至不透明，粉红色至橙粉红色至红色；常有灰色或白色斑点；也可能夹杂黑色或铝色斑点；一般比*绿帘花岗岩更偏粉色	不透明，杂有粉红色或橙粉红色和绿色的斑点；一般比锰黝帘石更偏橙色；其绿色通常比锰黝帘石更浓郁
折射率	1.70，多变；由于含杂质，点测法常测得 1.50—1.55 的折射率值	多变，见注 1.52——长石（粉红色） 1.55——石英（无色到白色） 1.74——*绿帘石（绿色）
双折率	很少显双折射	很少显双折射
相对密度	3.10（经常多变）	通常为 2.85—3.20
光谱	可能与蔷薇辉石和菱锰矿相混淆	无特征

注意： *绿帘花岗岩是一种岩石，其相对密度和折射率十分多变。

鉴别索引	关键测试
黝帘石（锰黝帘石）与*绿帘花岗岩	颜色及外观
*绿帘花岗岩与蔷薇辉石	颜色及外观、相对密度、光谱（可能）
黝帘石（锰黝帘石）与硅碳钙镁石	相对密度、外观、折射率（可能）
*绿帘花岗岩与硅碳钙镁石	相对密度、外观、折射率（可能）

半透明至不透明宝石 (4-4)

	*蓝铜矿	*青金石
常见颜色及外观	通常为不透明的紫蓝色；均匀的脉石或包裹体致色；通常与孔雀石共生——可含有孔雀石斑块或条带；经常有葡萄状构造 注意：如果存在足够的孔雀石，则称为*杂蓝铜孔雀石	亚半透明至不透明，蓝色至紫蓝色；主要由*青金石组成；常存在不定量的方解石（白色）和黄铁矿（黄色、金属状）
折射率	1.730—1.836； 双折率0.106（用双折率闪烁法）	1.50；由于方解石或透辉石包裹体可测得1.67，或同时测得1.50与1.67，或介于1.50与1.67之间
解理	二组（通常不清楚）	无
盐酸	起泡；丙酮——褪色	发出臭鸡蛋味；若存在方解石，则轻微起泡
相对密度	3.80+0.09/−0.50	2.75±0.25

注意：*青金石收集于此是因为它是一种相当常见的宝石材料，并且肉眼下易与*蓝铜矿混淆。涉及*青金石的其他鉴别资料列于"折射率1.50—1.60"一节。

鉴别索引	关键测试
*蓝铜矿与*青金石	折射率、放大检查、相对密度、盐酸；颜色及外观（可能）

第四节 折射率 1.60—1.70 的宝石

折射率	宝石材料	易于混淆的宝石材料
1.691—1.700	黝帘石	
	坦桑石	*绿帘石，*顽火辉石，透明符山石，*斧石
	锰黝帘石	*绿帘花岗岩，蔷薇辉石，菱锰矿，水钙铝榴石
1.678—1.688	斧石	*顽火辉石，*柱晶石，黝帘石
1.675—1.701	透辉石	橄榄石、*透视石、*顽火辉石、*柱晶石
	透辉石猫眼	*柱晶石、*顽火辉石、电气石
1.667—1.680	*柱晶石	*斧石、*顽火辉石、锂辉石
	柱晶石猫眼	透辉石、*顽火辉石
1.663—1.673	*顽火辉石	*斧石、*柱晶石、透辉石
1.655—1.909	孔雀石	*绿纤石
1.660—1.680	翡翠	半透明钙铝榴石、符山石、软玉、*葡萄石、*针钠钙石、*矽线石
1.660—1.676	锂辉石	*硅铍石、*蓝柱石、*柱晶石
1.660	煤玉	黑珊瑚、塑料
1.659—1.680	矽线石	翡翠、软玉、*葡萄石
	矽线石猫眼	电气石、*磷灰石、*阳起石
1.655—1.708	*透视石	橄榄石、透辉石
1.654—1.690	橄榄石	透辉石、*透视石
1.654—1.670	*蓝柱石	锂辉石、*硅铍石
1.652—1.671	*硅铍石	锂辉石、*蓝柱石
1.650—1.660	*绿纤石	孔雀石
1.634—1.638	*磷灰石	红柱石、黄玉、*重晶石、*赛黄晶、电气石、*天蓝石
	磷灰石猫眼	电气石、*阳起石、*矽线石
1.636—1.648	*重晶石	红柱石、黄玉、*菱锌矿、*磷灰石、*赛黄晶、电气石
1.634—1.643	红柱石	电气石、黄玉、*重晶石、*磷灰石、*赛黄晶
1.630—1.636	*赛黄晶	*磷灰石、红柱石、黄玉、*重晶石

1.626—1.670	*硅硼钙石	*葡萄石、*锂磷铝矿、*磷铝钠石、电气石、*天蓝石
1.624—1.644	电气石	红柱石、黄玉、*锂磷铝矿、*磷铝钠石、*天蓝石、*硅硼钙石、*葡萄石
	电气石猫眼	*磷灰石、*阳起石、矽线石、透辉石
1.621—1.849	*菱锌矿	*重晶石、*硅硼钙石、黄玉、菱锰矿
1.619—1.627	黄玉	电气石、红柱石、*重晶石、*磷灰石、*赛黄晶
1.616—1.649	*葡萄石	*硅硼钙石、软玉、*锂磷铝矿、电气石、翡翠、矽线石
1.614—1.641	*阳起石	
	阳起石猫眼	电气石、*磷灰石、矽线石
1.612—1.643	*天蓝石	电气石、*磷灰石、黄玉
1.612—1.636	*锂磷铝矿	*磷铝钠石、电气石、*硅硼钙石、*葡萄石、红柱石、黄玉
1.610—1.650	绿松石	合成绿松石、玻璃、塑料、针钠钙石、*染色羟硅硼钙石、*磷铝矿、蛇纹石、天河石
1.607—1.610	*苏纪石	玉髓、*紫硅碱钙石
1.606—1.632	软玉	翡翠、*葡萄石、矽线石、蛇纹石、绿松石
1.602—1.621	*磷铝钠石	*锂磷铝矿、电气石、*葡萄石、红柱石、黄玉、重晶石
1.599—1.628	*针钠钙石	硬玉、绿松石

双折射宝石
折射率 1.65—1.70 (4-1)

	透辉石	橄榄石
常见颜色及外观	透明至不透明，绿色；星光透辉石常呈黑色。无特殊光性者通常透明	透明，黄绿色、绿色至褐绿色
折射率	1.675—1.701；可为 1.670—1.700	1.654—1.690
双折率	0.024—0.030	0.035—0.038
多色性	弱至中	弱至中
光性及光符	二轴晶（+）；强正光性，	二轴晶，通常为正光性，β 几乎正在 α 与 γ 正中间
解理	两组	极罕见
特殊光性	星光效应：通常为黑色且不透明具四射星光；通常一条清晰，另一条分散为带状；可有六射星光 猫眼效应：通常显暗绿色，见"星光和猫眼 2-1"	无
放大检查	黑色粗短状针状包裹体；似金属状包裹体	小圆饼状包裹体（"Lily-Pad" inclusions）；氧化铁及黑色铬铁矿晶体（可能是八面体状）包裹体
光谱	 仅为铬透辉石	

鉴别索引	关键测试
透辉石与橄榄石	折射率（低值折射率的特征）、双折率、光性特征、光谱、特殊光性（可能）
透辉石与*透视石	颜色、折射率、双折率、光性、光谱、特殊光性（可能）
透辉石与*顽火辉石	双折率、光谱、颜色（可能）
透辉石与黝帘石	双折率、多色性、颜色、特殊光性（可能）
橄榄石与*透视石	颜色、双折率、光性、光谱、解理
橄榄石与黝帘石	双折率、多色性、光谱、颜色
橄榄石与锂辉石	折射率、双折率、光谱、颜色

双折射宝石
折射率 1.65—1.70 (4-2)

	黝帘石	*透视石
常见颜色及外观	坦桑石变种：透明，蓝色至蓝紫色 其他变种：蓝绿色、黄绿色、褐色	透明至半透明，色彩很浓郁的蓝绿色
折射率	1.691—1.700	1.655—1.708
双折率	0.008—0.013	0.051—0.053
多色性	强三色性： 坦桑石变种：蓝色、紫色和无色 蓝绿色变种：绿黄色、黄绿色、蓝绿色至紫色 褐色变种：绿色、紫色、浅蓝色	弱
光性及光符	二轴晶（＋）	一轴晶（＋）
解理	一组	三组
特殊光性	一般无，极少数具猫眼或变色效应	无
光谱	无特征	见《宝石参考指导》

鉴别索引	关键测试
黝帘石（坦桑石）与*透视石	颜色、双折率、多色性、光性
黝帘石（坦桑石）与*绿帘石	颜色、折射率、多色性、光谱、双折率（可能）
黝帘石（坦桑石）与*顽火辉石	折射率、多色性、光谱
黝帘石（坦桑石）与透明符山石	折射率、双折率、多色性、光谱
黝帘石（坦桑石）与*斧石	折射率、多色性、光谱

双折射宝石
折射率 1.65—1.70 (4-3)

	斧石	*柱晶石	*顽火辉石
常见颜色及外观	透明，紫红褐色（丁香褐）；有时呈褐黄色、黄色和紫色；无绿色	透明，黄绿色、褐绿色；有时呈绿色、黄色、褐色和无色（罕见）	透明，褐色、绿色、绿褐色；比*柱晶石更偏褐色调
折射率	1.678—1.688	1.667—1.680	1.663—1.673
双折率	0.010—0.012	0.013—0.017	0.008—0.011
多色性	蓝紫-红紫色（关键），淡黄色和红-褐色	随体色变化：蓝-绿色，黄色和红褐色；绿色者：绿蓝色、绿色和黄色；关键是带蓝色调的多色性	变化；但不是紫丁香色（经常显褐红色）
光性及光符	二轴晶（−）	二轴晶（−），β 与 γ 光折射率仅差 0.001；可显假一轴晶干涉图	二轴晶（+）
特殊光性	无	星光（罕见），猫眼（见"星光和猫眼 2-1"）	星光和猫眼（罕见）
光谱	400 500 600 700	400 500 600 700	400 500 600 700

注意：见猫眼的鉴定。

鉴别索引	关键测试
*斧石与*柱晶石	颜色、多色性、光谱、干涉图（可能）
*斧石与*顽火辉石	光谱、多色性、颜色（可能）
*柱晶石与*顽火辉石	光谱、光符、多色性、颜色、干涉图（可能）
*柱晶石与锂辉石	光符、放大检查、干涉图（可能）
*柱晶石与透辉石	双折率、光符、多色性、颜色及光谱（可能）

双折射宝石
折射率 1.65—1.70 (4-4)

	锂辉石	*硅铍石	*蓝柱石
常见颜色及外观	紫锂辉石：透明、无色，粉红色、紫红色、黄色、绿色；色调通常较淡 其他变种：无色、紫色、黄色、绿色；色调通常较淡	透明无色；也有褐色、浅黄色和浅红色；无色者呈冰状，或比蓝柱石更透明；极少见蓝色变种	透明，浅蓝色、蓝绿色、浅黄色、无色（或含蓝色色带）
折射率	1.660—1.676±	1.654—1.670±	1.654—1.674±
双折率	0.014—0.016	0.016	0.019—0.020
光性及光符	二轴晶（＋），β 与 α 相差 0.006	一轴晶（＋）	二轴晶（＋），β 与 α 相差 0.003
放大检查	三角坑生长纹，生长管	各种天然包裹体	蚀象，一般不呈三角形
荧光	紫锂辉石：强，黄粉红色至橙色（长波）；较弱（短波）。 黄绿色变种：弱，橙至黄色（长波）；无到很弱（短波）	无特征；可有很弱的白绿色荧光	可具弱荧光
解理	二组，交角 90°	通常只可见一组	一组
相对密度	3.18±0.03	2.95±0.05	3.08＋0.04／－0.08

鉴别索引	关键测试
锂辉石与*硅铍石	光性、相对密度、解理、双折率、荧光、放大检查（可能）
锂辉石与*蓝柱石	双折率、光符特征、颜色、相对密度、解理、荧光
锂辉石与橄榄石	折射率、双折率、光谱、相对密度、放大检查、解理、颜色
锂辉石与*柱晶石	光符、放大检查、干涉图（可能）
*硅铍石与*蓝柱石	光性、双折率、颜色、相对密度（可能）

双折射宝石
折射率 1.60—1.65 (4-1)

	电气石	红柱石	黄玉
常见颜色及外观	透明至不透明，有各种颜色；晶体原石的长轴常沿着三角形基，且垂直于条纹；不透明的黑色电气石难达宝石级	透明，黄绿色至褐绿色（因强多色性所致）空晶石：半透明至不透明，灰色至褐色，有暗十字图式	透明，无色、浅至中蓝色、浅绿蓝色、黄色、橙色、红色、粉紫色；晶体原石常呈正方形截面的斜方晶系棱柱体，具基底解理
折射率	1.624—1.644	1.634—1.643	无色、蓝色、绿-蓝色变种：1.609—1.617；黄色、橙色、红色变种：1.629—1.637
双折率	一般为 0.018—0.020；极深色者很难达 0.040；随着双折率增大，折射率也增大	0.007—0.013；折射率最低者双折率最高	0.008
光性及光符	一轴晶（—）；具强多色性，因而光轴方向往往很暗	二轴晶（—）	二轴晶（＋）；β 与 α 相差 0.001
相对密度	3.06±；经常变化	3.17±	3.53±
多色性	二色性，中等至强；通常为体色的两种色调	很强；通常浅黄绿色和深褐红色	一般弱
荧光	粉红色变种：无至弱，红色（长波和短波）其他颜色的变种：一般为惰性（长波和短波）	可有弱至中的绿色至黄绿色荧光（短波）	多变
解理	无	无	一组
放大检查	线状液相和气相包裹体；镜面状的气体充填裂隙；有色带	金红石针状包裹体	不混溶的两液相包裹体；在片理面上的两相、三相及液相包裹体；菱形蚀象

鉴别索引	关键测试
电气石与红柱石	双折率、光性、多色性、相对密度
电气石与黄玉	双折率、光性、相对密度、多色性、放大检查、解理
电气石与*磷铝锂石	光性、颜色、折射率、多色性、解理
红柱石与黄玉	相对密度、多色性、折射率、颜色
红柱石与*重晶石	相对密度、多色性、硬度、解理、颜色
黄玉与*重晶石	相对密度、折射率、硬度、双折率、解理

双折射宝石
折射率 1.60—1.65 (4-2)

	*重晶石	*磷灰石	天蓝石
常见颜色及外观	透明至不透明，无色、红色、黄色、绿色、蓝色、褐色和白色；常有划痕或磨损（硬度为 3—3.5）	透明，黄、绿、蓝、紫、紫红和无色；也见有红与褐色；晶体原石常为六方柱状	透明至不透明；蓝色、紫蓝色、绿蓝色；颜色常比电气石浓郁
折射率	1.636—1.648	1.634—1.638+0.012/−0.006	1.612—1.643
双折率	0.012	0.002—0.006；蓝色者可达 0.008	0.031
光性及光符	二轴晶（＋）	一轴晶（－）；可能出现假二轴晶干涉图	二轴晶（－）
相对密度	4.50±	3.18±	3.09±
多色性	无特征	大多数颜色的磷灰石弱；蓝色者弱至中，蓝色与绿色（或黄色）	强三色性；深紫蓝色、无色和淡绿色
荧光	可呈浅绿色荧光；常有磷光	多变	无特征
解理	可见二组	不可见	通常不可见
光谱		黄色、绿色和几乎无色的磷灰石，具有 580nm 的双吸收线（蓝色变种无）	无特征

鉴别索引	关键测试
*重晶石与*磷灰石	相对密度、光性、双折率、解理
*重晶石与*天蓝石	相对密度、颜色、折射率、双折率
*重晶石与*赛黄晶	相对密度、双折率、解理、硬度
*重晶石与*菱锌矿	折射率、双折率
*磷灰石与*天蓝石	双折率、光性、多色性
*磷灰石与电气石	双折率、多色性、相对密度、光谱（可能）
*磷灰石与红柱石	多色性、光性、双折率、颜色、光谱
*磷灰石与黄玉	相对密度、光性、双折率、解理
*磷灰石与*赛黄晶	光性、相对密度、颜色（可能）
*天蓝石与电气石	双折率、光性、多色性

双折射宝石
折射率 1.60—1.65 （4-3）

	*磷铝锂石	*磷铝钠石	*赛黄晶
常见颜色及外观	透明至半透明，通常无色至浅黄色；绿黄色；颜色通常不如*磷铝钠石浓郁	透明至半透明，常为无色至浅黄色，绿黄色，黄绿色；颜色通常比*磷铝锂石浓郁	透明，无色，黄色；若含大量包裹体或裂隙则可显白色调；晶体原石常为长六方柱型
折射率	1.612—1.636 α 不低于 1.605，通常在 1.610 左右	1.602—1.621 α 不高于 1.605，常在 1.600 左右	1.630—1.636±
双折率	通常在 0.022—0.027 之间，可略低	0.019—0.021	0.006
光性及光符	二轴晶（±）	二轴晶（＋）	二轴晶（＋）
相对密度	3.02±	2.97±	3.00±
荧 光	极弱，无特征	惰性	多变；通常为浅蓝色
解 理	一组	二组	不可见
光 谱	无特征	无特征	见《宝石参考指导》

鉴别索引	关键测试
*磷铝锂石与*磷铝钠石	折射率（低值折射率特征）、双折率、颜色（浓度）
*磷铝锂石与*赛黄晶	折射率、双折率、解理、外观、荧光（可能）
*磷铝锂石与电气石	光性、颜色、折射率、多色性、解理
*磷铝锂石与*硅硼钙石	折射率、双折率
*磷铝锂石与*葡萄石	偏光反应、外观、相对密度和折射率（可能）
*磷铝钠石与*赛黄晶	折射率、双折率、解理、外观、荧光（可能）
*磷铝钠石与电气石	光性、折射率、多色性、放大检查、解理、颜色
*磷铝钠石与*硅硼钙石	双折率、折射率、荧光（可能）
*重晶石与红柱石	颜色、多色性、相对密度、双折率
*重晶石与黄玉	相对密度、折射率、解理

双折射宝石
折射率 1.60—1.65 (4-4)

	*硅硼钙石	*葡萄石	*菱锌矿
常见颜色及外观	常为透明至半透明；无色，（当含有大量的包裹体或裂隙时）也呈白色、淡绿色、浅黄色、红色、紫色、褐色或灰色	亚透明至半透明，浅至中黄绿色（芹菜绿），罕见白色；晶体原石常为葡萄状	亚透明至亚半透明，常为半透明；白色、白绿色、无色、浅蓝色、黄色、蓝色、紫色、粉红色；颜色常呈"粉蜡笔状"；晶体原石常为葡萄状
折射率	1.626—1.670	1.616—1.649，低值折射率常为1.630；点测法常为1.630	1.621—1.849
双折率	0.044—0.046	0.020—0.031	0.228（用双折率闪烁法）
光性及光符	二轴晶（－）；偏光镜下常呈双折射反应	二轴晶（＋）；偏光镜下常呈不消光反应，甚至可能出现双折射；反应可呈"补丁状"图式	一轴晶（－），常呈不消光反应；反应可呈"补丁状"图式
相对密度	2.95±0.05	2.90+0.05/－0.10	4.30+
荧光	可有蓝色、粉红色或紫色荧光（短波）	通常为惰性	无特征
解理	不可见	一组；通常不清楚	三组；通常不清楚
光谱	无特征	弱 438nm 吸收线并非总出现	无特征

鉴别索引	关键测试
*硅硼钙石与*菱锌矿	折射率、双折率、相对密度、外观、光性
*硅硼钙石与*葡萄石	双折射、偏光反应、荧光、光谱
*葡萄石与*菱锌矿	相对密度、双折射、折射率、光谱、解理、光性（可能）
*葡萄石与软玉	双折射、光性、透明度、外观、偏光反应、颜色（可能）
*葡萄石与电气石	光性及光符、偏光反应、多色性、放大检查、相对密度、外观(可能)
*菱锌矿与菱锰矿	颜色及外观、光谱、相对密度（见"半透明至不透明宝石4-3"）

双折射宝石，折射率 1.60—1.70 (3-1)
翡翠及其赝品

	翡翠	染色翡翠	软玉
常见颜色及外观	亚透明至不透明；绿色、淡紫色、红褐色、黄橙色、白色；可显除无色外的任何颜色	亚透明至不透明，绿色、淡紫色；可显除无色外的任何颜色	半透明至不透明；白色、绿色、黑色；除蓝紫色、无色和红紫色外的任何颜色
折射率	点测法 1.66，也可能是 1.65	同翡翠	点测法 1.61；黑色者可达 1.62—1.63，见注 1
相对密度	3.34，含钠长石时，可有相当程度的降低	同翡翠	2.95±；黑色者可接近 3.10
放大检查	颜色常不均匀	染料浓集在裂隙中（可能）	可能有黑色包裹体
荧光	浅绿色变种：无至弱，白色（长波） 浅黄色变种：无至弱，绿色（长波） 白色变种：无至弱，黄色（长波） 浅紫色变种：无至弱，白色（长波） 深色变种：常为惰性	某些染成浅紫色变种：弱至中，橙色（长波）；较弱（短波）	无特征
光谱	除绿色外任意颜色变种 绿色变种		极少有吸收线，550nm 处可有模糊的吸收线。质量特别的绿色变种可在红区末端见模糊的吸收线

注意事项：聚合物浸染的翡翠只有具相关设备的宝石实验室可以检测出。

注 1：由于光性和物理性质相似，黑色软玉易与电气石或红柱石相混淆。但宝石级的黑色电气石和红柱石很少见。

注 2：当鉴别绿翡翠与染色绿翡翠时，应检测不同方向的光谱（如：长轴方向、颜色浓集区域等）。

双折射宝石，折射率 1.60—1.70 (3-2)

鉴别索引	关键测试
绿翡翠与染色绿翡翠	光谱、放大检查（可能）
翡翠与软玉	折射率、相对密度、光谱
翡翠与*矽线石	相对密度、光谱、折射率、外观、荧光、解理、双折率（可能）
翡翠与*针钠钙石	折射率、相对密度、光谱、外观、荧光、解理、双折率（可能）
翡翠与符山石	折射率、光谱
翡翠与水钙铝榴石	折射率、光谱
软玉与*葡萄石	双折率、光谱、透明度、外观、颜色（可能）
软玉与蛇纹石	折射率、光谱、抛光、相对密度、硬度（可能）
软玉与绿松石	颜色、外观、相对密度、断口（可能）
软玉与*矽线石	折射率、相对密度、外观、双折率、解理（可能）
软玉与*针钠钙石	颜色、外观、荧光（可能）

双折射宝石，折射率 1.60—1.70 (3-3)
翡翠及其赝品

	*葡萄石	矽线石	针钠钙石
常见颜色及外观	亚透明至半透明，浅至中，浅黄绿色（芹菜绿）；极少见白色；晶体原石常为葡萄状	透明至不透明；常为白色至灰色，褐色，灰绿色；罕见紫蓝色至灰蓝色；可有丝绢光泽	亚透明至不透明；灰白至黄白色，绿色、蓝色；可有粉红色；放射纤维状结构；可呈丝绢光泽
折射率	1.616—1.649；低值折射率经常为1.63；点测法通常为1.63	1.695—1.680；常低至1.640—1.660	1.599—1.628+0.17/−0.04；点测法为1.600
双折率	0.020—0.031	0.015—0.021	0.029—0.038
相对密度	2.90±；可为2.95	3.25+0.02/−0.11；亚透明材料常稍低于3.20	2.81+0.09/−0.07
光性	常为不消光	二轴晶（+），亚透明材料常不消光	二轴晶（+），亚透明材料常不消光
解理	一组；一般不清楚	一组；集合体材料中常不清楚	二组；集合体材料中常不清楚
荧光	无特征	带蓝色调的变种：弱，红色（长波和短波）	惰性至中，绿黄色至橙色（长波和短波；短波常较强）；可有磷光
光谱	弱的438nm吸收带不总出现		无特征

鉴别索引	关键测试
*葡萄石与*矽线石	折射率、相对密度、外观（可能）
*葡萄石与*针钠钙石	折射率、外观、荧光（可能）
*矽线石与*针钠钙石	折射率、相对密度、外观、荧光（可能）

不透明宝石(2-1)

	孔雀石	*绿纤石	苏纪石
常见颜色及外观	具有绿、蓝绿、黄绿色等两种或两种以上颜色组成的色带；色带可为弯曲或棱角状；可呈放射状纤维构造和/或表面辉光 注：若含足够比例的*蓝铜矿则称为杂蓝铜孔雀石	浅绿和深绿色，放射状纤维构造使之成类似于龟壳或蛇皮的斑驳色，可呈表面辉光	亚透明至不透明，浓的红-紫色至紫蓝色；可因存在石英杂质而呈1.54
折射率	1.655—1.909；(因硬度低，经常抛光不良，折射率常无法获得)	1.650—1.669；随杂质变化；若存在石英则可能为1.550	1.607—1.610；随杂质变化；若存在石英则可能为1.54
双折率	0.254(用双折率闪烁法)	无特征	通常不可见
相对密度	3.95±；极多变	3.20±；极多变	2.74±0.05
硬度	3.5—4；可显不良抛光	5—6	5.5—6.5
光谱	无特征	无特征	(400—700光谱图)

鉴别索引	关键测试
孔雀石与*绿纤石	外观、双折率、相对密度
*苏纪石与菱锰矿	颜色及外观、双折率、相对密度(见"半透明至不透明宝石4-2")
*苏纪石与*紫硅碱钙石(查罗石)	折射率、光谱、外观、断口(可能)
*苏纪石与玉髓	光谱、相对密度、折射率、断口(可能)

不透明宝石(2-2)

	煤精	塑料
颜色及外观	亚半透明至不透明,黑色,也可能为深褐色	能仿制出与煤玉一样的不透明度和颜色
折射率	1.660±;常为 1.68	1.460—1.700
相对密度	1.32±	1.30±0.25
断　口	无光泽至树脂光泽的贝壳状断口	无光泽至玻璃光泽的贝壳状至不平整状断口

鉴别索引	关键测试
煤精与塑料	折射率(可能)
煤精与珊瑚	折射率、放大检查,见珊瑚(壳质)部分

星光及猫眼材料(2-1)

	透辉石猫眼	*柱晶石猫眼	电气石猫眼
透明度	半透明至不透明	透明至半透明	透明至半透明
常见颜色及外观	极深绿色;可有轮廓分明的猫眼闪光带;可显纤维状结构或辉光 星光透辉石:不透明,黑色至深褐色,可显纤维状结构或辉光;通常为四射星光,一条清晰,另一条呈分散的带状	极深绿至褐色,可有轮廓分明的猫眼闪光带	常显蓝绿色;黄绿色、蓝色、粉红色;具有轮廓非常分明的猫眼闪光带
折射率	1.675—1.701 点测法 1.67 或 1.68	1.662—1.680 点测法 1.67 或 1.68	1.624—1.644 点测法 1.64
点测法双折率	0.024—0.030(用双折率闪烁法)	0.013—0.017	一般为 0.018—0.020
放大检查	通常在放大镜下观察不到产生猫眼的包裹体	无特征	通常在肉眼下即见到粗管状包裹体
偏光反应	双折射或不消光	无特征	一般为双折射
光谱	铬型	弱 503nm 吸收带	浅粉红色变种

鉴别索引	关键测试
电气石猫眼与*磷灰石猫眼	点测法双折率、放大检查、光谱、外观
电气石猫眼与*阳起石猫眼	透明度、放大检查、外观、偏光反应
电气石猫眼与透辉石猫眼	折射率、外观、放大检查
电气石猫眼与*矽线石猫眼	透明度、放大检查、外观、折射率、点测法双折率、光谱(可能)
透辉石猫眼与*柱晶石猫眼	折射率、点测法双折率、放大检查(可能)
透辉石猫眼与顽火辉石猫眼	点测法双折率、光谱(可能)
*柱晶石猫眼与顽火辉石猫眼	光谱、点测法双折率

星光及猫眼材料(2-2)

	*磷灰石猫眼	*阳起石猫眼	矽线石猫眼
透明度	透明至半透明	多为半透明至亚半透明	一般为亚半透明至不透明;极少数透明
常见颜色及外观	黄绿色、褐绿色;猫眼闪光带的轮廓非常分明,并且易于游移	绿色、黄绿色;猫眼闪光的轮廓不分明并且难于游移	灰绿色、褐色;猫眼带分散,不易游移
折射率	通常为1.634—1.638 点测法1.63或1.64	1.614—1.641 点测法1.61或1.62	1.659—1.680;可低至1.64—1.66
点测法双折率	0.002—0.006	0.022—0.027(用双折率闪烁法)	0.015—0.021
放大检查	管状包裹体,一般较电气石的包裹体细	产生猫眼闪光的包裹体在镜下观察不到(是整体构造的组成部分)	产生猫眼闪光的包裹体在镜下观察不到(是整体构造的组成部分)
偏光反应	一般呈双折射	一般不消光	一般不消光
光谱	(400–700 光谱图)	(400–700 光谱图) 505nm吸收线	

鉴别索引	关键测试
*磷灰石猫眼与*阳起石猫眼	光谱、偏光反应、外观、透明度、点测法双折率
*磷灰石猫眼与*矽线石猫眼	光谱、偏光反应、外观、透明度、点测法双折率
*阳起石猫眼与*矽线石猫眼	折射率、光谱(可能)

绿松石与仿制品(2-1)

	绿松石	合成绿松石
常见颜色	蓝色、绿蓝色、蓝绿色、黄绿色、绿色	蓝色、淡绿蓝色,常有与优质波斯绿松石相似的颜色
点折射率	1.60 或 1.61;可略低	1.60 或 1.61
相对密度	2.76;多孔的绿松石常比该值低(见注1)	2.75;可较低
放大检查	黑色、褐色或白色的脉纹(matrix);可能有金属质包裹体;脉纹多形成凹纹	高倍放大镜下(反射和/或透射光下)可见麦乳效应("cream-of-wheat"effect);其为合成绿松石的证据(见注2);可以有黑色至深褐色的"蜘蛛网状脉纹"(不形成凹纹)
滤色镜	无反应	无反应

注1:绿松石的颜色越蓝,质地越致密,越好,其相对密度也越高;未处理的蓝色绿松石的相对密度一般都超过2.65。

注2:石蜡处理绿松石和塑料绿松石仿制品都可有一些类似的效应。

鉴别索引	关键测试
绿松石与合成绿松石	放大检查
绿松石与浸注处理的绿松石	放大检查(可能)(见"青金石及其仿制品2-2")
绿松石与*染色硅硼钙石	颜色及外观、滤色镜反应
绿松石与*针钠钙石	外观及结构、折射率、双折率、相对密度、荧光、解理(可能)
绿松石与*磷铝石	滤色镜、折射率、外观、相对密度(可能)(见"半透明至不透明绿色宝石")
绿松石与天河石	折射率、解理、结构及外观(见"玉髓鉴别5-5")

绿松石与仿制品(2-2)

	蜡或塑料浸注处理绿松石	*染色硅硼钙石	*针钠钙石
常见颜色	蜡处理:通常为浅黄绿色 塑料浸注处理:通常为浅绿蓝色	未处理者为白色(见"半透明至不透明白色宝石");染蓝色者一般较未处理绿松石颜色深且浓郁	与绿松石混淆的材料为绿色至绿蓝色至蓝色,可夹杂白色斑点;也有灰白至黄白色、粉红色
点测法折射率	1.60 或 1.61	1.59 或 1.60	1.60
相对密度	通常为 2.30—2.50(见注1)	2.58;可较低	2.81±0.09/−0.07
放大检查	同未处理绿松石;蜡浸注处理:可能有小斑点状、糖状的外观(见注2) 塑料浸注处理:同未处理绿松石;可能见塑料聚集	可有褐色至黑色蜘蛛网状脉纹	纤维状或"丝绢状"结构,可有极小的气泡;可见蓝色中心渐变为白色外围
滤色镜	无反应	常呈灰色调、粉红色或红色	无反应

注1: 大多数用石蜡或塑料处理的粉沫状绿松石都有大量的孔隙,故其相对密度很小。如果相对密度测定表明一块蓝色绿松石的相对密度低于 2.60,那么几乎可以肯定经过某种处理。

注2: 一些塑料浸注处理的绿松石处理严重,以致折射率低至 1.65,相对密度约 2.00(有些低至 1.80)。这完全取决于塑料的含量和原材料的孔隙度。

注3: 小斑点状、糖状的外观仅具指示意义;这些现象看起来与合成绿松石的"麦乳效应"十分相似。

注4: 对热针的"出汗"效应有助于检测注蜡处理的绿松石。有些塑料浸注处理的绿松石热针检测时有辛辣气味。但大多数现代的绿松石处理技术只有具相关设备的宝石实验室才可以检测出来。

鉴别索引	关键测试
浸注处理绿松石与*染色硅硼钙石	滤色镜、颜色
浸注处理绿松石与*针钠钙石	外观及结构、折射率、双折率、相对密度、荧光、解理(可能)(见"双折射宝石,折射率1.60—1.65,3-3")
浸注处理绿松石与塑料仿绿松石	相对密度、放大检查、折射率(可能)
*针钠钙石与*染色硅硼钙石	外观、相对密度、滤色镜反应

半透明至不透明宝石

	*蓝铜矿	*青金石
常见颜色及外观	一般为不透明紫蓝色；有脉纹或包裹体，且颜色分布均匀；常与孔雀石共生——可夹杂斑块状或带状孔雀石 注：若含足量的孔雀石，则成为"杂蓝铜孔雀石"	亚半透明至不透明，蓝色至紫蓝色；基本由青金石组成，常含可变数量的方解石（白色）及*黄铁矿（黄色，金属质）
折射率	1.730—1.836	1.50；由于含方解石或透辉石包裹体，可显1.67，或同时显1.50和1.67，或者介于1.50和1.67之间的一个折射率
双折率	0.110（双折率闪烁法）	无特征
解理	二组（通常模糊）	无
相对密度	3.08+0.09/−0.50	2.75±0.5

鉴别索引	关键测试
蓝铜矿与青金石	折射率、放大检查、相对密度、颜色及外观（可能）

第五节　折射率 1.50—1.60 的宝石

折射率	宝石材料	常见易混材料
1.597—1.817	菱锰矿	蔷薇辉石、水钙铝榴石、锰黝帘石（黝帘石）
1.586—1.605	*硅硼钙石（及染色者）	绿松石、浸注处理绿松石、合成绿松石
1.577—1.583	绿柱石	
	祖母绿	合成祖母绿
	其他变种	拉长石、石英、*方柱石
1.568—1.573	合成绿柱石（水热法）	
	合成祖母绿	祖母绿
	其他变种	绿柱石、拉长石、石英、*方柱石
1.561—1.564	合成绿柱石（助熔剂法）	
	合成祖母绿	祖母绿
1.560—1.590	*磷铝石	蛇纹石、绿松石
1.560—1.570	蛇纹石	玉髓、绿松石、*磷铝石
1.560—1.570	珊瑚（壳质）	塑料
1.559—1.568	拉长石	绿柱石、*磷钠铍石、*方柱石
1.552—1.562	*磷钠铍石	绿柱石、拉长石、石英、*方柱石
1.550—1.564	*方柱石	绿柱石、*磷钠铍石、拉长石、石英、重晶石
1.550—1.559	紫硅碱钙石	*苏纪石、玉髓
1.550	玳瑁	塑料
1.544—1.553	石英	
	透明变种	绿柱石、重晶石、拉长石、合成石英、*磷钠铍石、*方柱石
	虎睛石	染色虎睛石、鹰睛石、石英猫眼
	星彩石	染色绿水晶、奥长日光石
	蔷薇石英	蔷薇辉石
1.544—1.553	合成石英	石英、绿柱石、堇青石、*磷钠铍石、*方柱石、拉长石
1.542—1.551	堇青石	石英、合成石英、*方柱石

第四章 宝石鉴别

1.540	象牙	玻璃、塑料
1.540	琥珀	塑料
1.539—1.547	奥长石	
	日光石	星彩石、染色石英、金星石(Goldstone)(玻璃)
1.535—1.539	玉髓	
	各种颜色变种	蛇纹石
	半透明白色者	月光石(正长石)
	玛瑙	条纹状大理岩(方解石)、*硅碳钙镁石
	绿玉髓	染绿色玉髓、玻璃、天河石(微斜长石)
	紫色玉髓	*苏纪石、紫硅碱钙石
	含硅孔雀石玉髓	染蓝色玉髓、天河石(微斜长石)
	染蓝色碧玉	青金石、染色青金石、青金石仿制品、方钠石、*蓝铜矿
1.535—1.537	*鱼眼石	*方柱石、*铯榴石、正长石、*透锂长石、*白榴石
1.530—1.685	贝壳	珊瑚、养殖珍珠、珍珠
1.530—1.685	珍珠	养殖珍珠、贝壳、玻璃、塑料
1.530—1.686	养殖珍珠	珍珠、贝壳、玻璃、塑料
1.530—1.685	*文石	方解石
1.522—1.530	微斜长石	含硅孔雀石玉髓、绿松石
1.520	*铯榴石	*鱼眼石、正长石、*透锂长石、*白榴石
1.518—1.526	正长石	
	月光石	半透明白色玉髓
	透明变种	*透锂长石、*白榴石、*方柱石、*鱼眼石、*铯榴石
1.515—1.540	*硅碳钙镁石	玛瑙玉髓、条纹大理岩(方解石)
1.508	*白榴石	正长石、*鱼眼石、*铯榴石、*透锂长石
1.504—1.516	*透锂长石	正长石、钠沸石、*鱼眼石、*铯榴石
1.500	青金石	染色青金石、青金石仿制品、染蓝色碧玉(玉髓)、方钠石、*蓝铜矿

折射率 1.55—1.60：绿柱石
祖母绿／合成祖母绿（4-1）

	祖母绿	合成祖母绿（助熔剂法）	合成祖母绿（水热法）
常见颜色	中浅至深绿色、浅黄绿色、蓝绿色	蓝绿色；可能为浅黄绿色	蓝绿色
折射率	1.577—1.583；（比大部分合成祖母绿稍高）	1.561—1.564；可略高	1.566—1.571 至 1.572—1.578
双折率	0.006（比大部分助熔剂法合成的稍高）	0.003	0.005—0.006
荧 光	通常为惰性，但也可能有非常漂亮的橙红色至红色的荧光（长波和短波；长波效果好）	弱至中，红色（长波和短波，长波效果好）	惰性，可为中至强的红色（长波和短波）
相对密度	2.68—2.72，若没有大量的包体及/或裂痕，一般沉入 2.67 的重液	2.66，可略高；常浮于 2.67 的重液之上	2.67—2.70
放大检查	可呈板状或"指纹状"的液态包裹体；两相包体，三相包体；棱角形生长线；管状包裹体；针状包裹体；黄铁矿晶体；裂隙中的方解石包裹体；黑云母片	铂晶体（常为三角形或六边形）；*硅铍晶体（无色，低突起）；助熔剂包裹体——模糊面纱状，指纹状或粗糙的助熔剂包裹体（常呈白色高突起）；均匀的平行生长面（"威尼斯百叶窗"效应）（见注）	钉状包裹体（小*硅铍石晶体中延伸出的似圆锥状小空间）；呈平行线排列的极小的两相包裹体，呈棉絮状外观；含两相包裹体的平行管状空洞；均匀的平行生长面（百叶窗效应）；特征生长图式——可呈"盾形"或"鱼骨"形图形或"波浪"效应；可检测无色种晶板
光 谱	见《宝石参考指导》	同天然	同天然

注意：由于助熔剂和水热法合成祖母绿的包裹体与天然祖母绿中的包体很相似，目前还只有放大检查为积极的检验手段。但是对于初学者来说，从折射率、双折射率和相对密度等得出指示更可行。

折射率 1.55—1.60：绿柱石
祖母绿/合成祖母绿(4-2)

祖母绿的物理性质（折射率、双折率、相对密度）常比合成祖母绿稍高些；荧光和放大检查是鉴定的关键手段，并参考精密仪器上获得数据，在此基础上，合乎逻辑地推断出鉴定结果。倘若某项测试的准确性或可靠性没有把握，那么就要略去该项测试，并且把鉴定建立在其余的特性和测试的基础之上。

水热法合成祖母绿与天然祖母绿有相似的性质（折射率、双折率、相对密度）。由于水热法合成祖母绿的工艺过程很接近天然祖母绿的生长过程，因而其所含包裹体的形态亦十分自然。因此，对于初学者来说仅依据包裹体特征进行鉴别，则易于导致鉴定错误。

鉴别索引	关键测试
祖母绿与助熔剂法合成祖母绿	放大检查、折射率、双折率、荧光、相对密度
祖母绿与水热法合成祖母绿	放大检查、荧光（可能）

折射率 1.55—1.60：绿柱石
祖母绿/合成祖母绿（4-3）

	裂隙充填的祖母绿	"附晶生长"及"三明治"水热法合成祖母绿
外观描述	将到达表面的裂隙用油、塑料或树脂充填，降低其可见度，以改善净度外观及颜色（可能）；为改善颜色，可能会加入染色剂	附晶生长法：在刻面型的无色绿柱石上用热液法镀上一层合成祖母绿 三明治法：在中心的晶种板上在热液条件下生长多层的合成祖母绿
折射率	同天然	附晶生长法：1.566—1.570 三明治法：1.575—1.581
双折率	同天然	附晶生长法：0.006 三明治法：0.004
荧光	注油：可有白垩状黄绿色至绿黄色荧光（长波）；稍弱至惰性（短波）。塑料或树脂充填：一般为惰性；可能为白垩状白色至白蓝色荧光（长波）	附晶生长法：上合成祖母绿层可有弱至中强度的红色荧光（长波效果最好）；通常在环带区最强 三明治法：中等至强，红色（长波和短波）
相对密度	同天然	附晶生长法：2.68—2.70 三明治法：2.68
放大检查	到达表面的裂隙突起很低，可能有微弱的裂隙轮廓；填充物质遇高温（热针）可有"出汗"现象，或在裂隙中移动；油可能显微黄或微褐色（易与氧化物斑点混淆）；油分解会留下发白色或发黄色的树枝状图案分散的闪光效应；充填裂隙中有气泡；裂隙轮廓；流动构造；织纹状外观的白色云状区域（见注）	附晶生长法：表面有定向的应变裂纹；在天然晶核中有典型的绿柱石包体；抛光不良（为了不磨掉薄的绿色生长层，很少抛光）；表面露出无色区域（由于过度抛光或过度研磨）；在天然晶核和附晶生长区接触带上有尘雾状区域 三明治法：与热液法合成祖母绿相同；此外，可见到片状晶种与指向朝外的大头针状包裹体

油浸	放大检查时可提高可见度 注意事项：重液有溶解性，可能会溶解接近表面裂隙中充填的塑料或聚合物	附晶生长法：可检测生长层 三明治法：可见绿色和无色薄层（不可误认为拼合宝石）
光谱	同天然	附晶生长法：—— 三明治法：同天然

注意：油和树脂的外观及反应都很相似，仅能靠精密仪器测试出。

鉴别索引	关键测试
祖母绿与油或树脂充填的祖母绿	放大检查、荧光（可能）
"三明治"水热法合成祖母绿与绿柱石三层石	放大检查（见拼合石）

折射率 1.55—1.60
其他宝石(3-1)

	绿柱石	合成绿柱石	拉长石
常见颜色	海蓝宝石:绿-蓝色至蓝色,通常色调较浅 铯绿柱石:粉红色至紫粉红色;通常色调较浅 透绿柱石(无色绿柱石):无色 金色绿柱石:黄色 红色(罕见)	可产生祖母绿、海蓝宝石及铯绿柱石的颜色;也可产生双色或天然品种不存在的颜色	透明者:黄色、橙色、褐色、红-褐色;色调较浅 亚透明至不透明具有变彩者;灰色或黑色
折射率	1.577—1.583±0.017(见注)	同天然范围	1.559—1.568
双折率	0.005—0.009	同天然	0.009
荧 光	海蓝宝石与金色绿柱石:惰性铯绿柱石:无至粉红色至紫红色(长波和短波)	一般同天然	惰性至弱
放大检查	液相包裹体及两相包裹体,"指纹"状包裹体,空心或充满液体的平行管状包裹体	典型的水热法包体(见水热法合成祖母绿);常有显著的生长图案	重复双晶;黑色针状包裹体;似金属小片状包裹体
光性特征	一轴晶(一)	一轴晶(一)	二轴晶(+)
相对密度	2.67—2.84(见注)	同天然	2.70±0.05
解 理	不可见	不可见	两组
特殊光性	猫眼;星光(罕见)	无	晕彩;星光、猫眼(罕见)

注意:绿柱石的性质因变种不同而变化。海蓝宝石、金色绿柱石、透绿柱石的折射率、双折率和相对密度都较低;而铯绿柱石的这些性质一般较高。

鉴别索引	关键测试
拉长石与合成绿柱石	放大检查(见"水热法合成祖母绿")
绿柱石与拉长石	折射率、光性光符、解理、放大检查
绿柱石与水晶	折射率、光性、干涉图及相对密度(可能)
绿柱石与*磷钠铍石	折射率、光性、解理
绿柱石与*方柱石	双折率、折射率、相对密度(可能)
拉长石与水晶	折射率、光性、相对密度、解理
拉长石与*磷钠铍石	折射率、放大检查、相对密度、光符
拉长石与*方柱石	双折率、光性与光符、折射率(可能)

折射率 1.55—1.60
其他宝石(3-2)

	水晶	合成水晶	*磷钠铍石
常见颜色	黄晶:透明,黄色、橙色、红橙色 烟晶:透明,褐色、灰褐色 芙蓉石:亚透明至半透明,粉红色 紫晶:透明,紫色、紫罗兰色	可呈各种样色,最常见紫晶和黄晶;也可以合成天然水晶没有的颜色	无色、淡黄色
折射率	1.544—1.553	同天然	1.552—1.562
双折率	0.009	同天然	0.010
荧 光	芙蓉石:弱,紫色(短波),其他变种常为惰性	一般为惰性;非自然颜色者可有特殊的荧光反应	一般为惰性
放大检查	液态和两相包裹体;负晶;色区、色带;斑马条带(Zebrastripe)效应	常无瑕疵;可能有大头针状或面包渣状包裹体	各种天然包裹体
光 性	一轴晶(+);可显牛眼干涉图;可能显巴西双晶	一轴晶(+);常呈现牛眼状二轴晶干涉图;若某些颜色的变种没有巴西双晶,表示它可能是合成的	二轴晶(-)
相对密度	2.66,半透明者非常稳定,其他变种则有变化	2.66,非常稳定	2.82±;常低至2.80
解 理	不可见,可显不同的裂隙特征	不可见	二组
特殊光性	星光效应、猫眼闪光、晕彩效应、砂金效应(见"具特殊光性石英的鉴别2-1")	无特征	无特征

折射率 1.55—1.60
其他宝石(3-3)

	*方柱石
常见颜色	无色、黄色、绿色、蓝色；紫色、红色和紫红色
折射率	1.550—1.564+0.15/−0.014；随着折射率降低，双折率也降低（见注）
双折率	0.004—0.037；常见0.005—0.020（见注）
荧　光	可发出橙色、黄色、浅紫色、白色荧光；黄色及无色者常发粉红色和橙色荧光
放大检查	各种天然包裹体
光　性	一轴晶（−）
相对密度	2.68+0.06/−0.08；常见2.60
解　理	二组
特殊光性	猫眼效应

鉴别索引	关键测试
水晶与合成水晶	放大检查、巴西双晶、颜色（可能）
水晶与*磷钠铍石	折射率、光性及光符、相对密度、解理
水晶与*方柱石	光符、解理、折射率、双折率
芙蓉石水晶与蔷薇辉石	外观、相对密度、折射率（可能）
*磷钠铍石与*方柱石	双折率、光性、相对密度、折射率（可能）

注意：*方柱石具有与绿柱石和拉长石同样的折射率，但其双折率远远高于上述两种宝石。

折射率 1.55—1.60
透明蓝色、紫色及紫红色宝石(2-1)

	石英、紫晶变种	合成紫水晶及合成透明蓝水晶
颜　色	紫色至紫红色；较堇青石更偏紫红色	合成紫水晶：紫色 合成透明蓝水晶：浅至中，蓝色（无对应的天然变种）
折射率	1.544—1.553	同天然
双折率	0.009	0.009
多色性	弱至中，浅红色和紫红-红紫色（二色性）	无特征
相对密度	2.66；非常恒定	同天然
解　理	不可见	不可见
放大检查	见石英	见合成水晶
荧　光	通常为惰性	通常为惰性
光　谱	无特征	400　　　500　　　600　700
其　他	巴西双晶、两个或三个方向的色带，为紫色、紫蓝色或无色	合成紫水晶：角状、火焰状双晶图案；沿一个方向的色区，仅有浅和深的紫色阴影 合成透明蓝水晶：滤色镜下显粉红色色调

注意：若无瑕疵，用常规宝石学测试方法无法鉴别出天然或合成水晶，非天然颜色者除外（如，透明蓝色）。

鉴别索引	关键测试
水晶与合成水晶	放大检查、巴西双晶、颜色（可能）
紫水晶与合成紫水晶	放大检查、巴西双晶、色带
紫水晶与堇青石	颜色、光性及光符、多色性、解理
紫水晶与*方柱石	双折率（可能）

折射率 1.55—1.60
蓝色、紫色和红紫色宝石 (2-2)

	堇青石	*方柱石
颜　　色	蓝色至紫-蓝色；通常色调深；比紫晶更蓝	紫色至红紫色
折射率	1.542—1.551；可稍低	该颜色者一般为 1.536—1.541，也可稍高；随着折射率下降，双折率也下降
双折率	0.008—0.012	该颜色者一般为 0.005；可稍高
光性特征	二轴晶（－）；β 与 γ 相差 0.001	一轴晶（－）
多色性	三色性：明显的无色至浅黄色，蓝色及深蓝-紫色	二色性：弱至中，蓝色和紫蓝色
相对密度	2.61±；常较低，2.56—2.60	2.60—2.74；该颜色者常为 2.60
解　　理	一组	二组
放大检查	各种天然包裹体	各种天然包裹体
荧　　光	惰性	惰性至强粉红色，橙色或黄色（长波和短波）
光　　谱	无特征	无特征

鉴别索引	关键测试
堇青石与*方柱石	颜色、光性特征、多色性、荧光（可能）
堇青石与绿柱石	颜色、光性特征、多色性、相对密度、解理

具特殊光性石英的鉴别(2-1)

亚半透明至不透明:猫眼

	虎睛石	染色虎睛石	鹰睛石(鹰眼石)
常见颜色及外观	亚半透明至不透明,褐黄色至褐色至红褐色	亚半透明至不透明,可为所有颜色	亚半透明至不透明,灰蓝色;常为深色调
结构	肉眼可见波状、平行的纤维结构;在不强烈的直射光源下即可产生这种猫眼闪光带;甚至在平整刻面或蛋面琢型的底平面也可呈现猫眼闪光带	肉眼可见波状、平行的纤维结构;在不强烈的直射光源下即可产生这种猫眼闪光带;甚至在平整刻面或蛋面琢型的底平面也可呈现猫眼闪光带	肉眼可见波状、平行的纤维结构;在不强烈的直射光源下即可产生这种猫眼闪光带;甚至在平整刻面或蛋面琢型的底平面也可呈现猫眼闪光带
放大检查	猫眼闪光带的颜色与体色相同	猫眼闪光带的颜色与染过色的体色不同;为染料浓集在纤维的端部所致	猫眼闪光带的颜色与体色相同
偏光反应	不消光或不透明	不消光或不透明	不消光或不透明

注意:这些材料的相对密度常比水晶的各种变种的相对密度稍低。

其他猫眼及星光变种

	星光石英	猫眼石英
常见颜色及外观	亚透明至半透明,常为很浅至浅的粉红色;也有黄绿色;六射星光	不常见;通常为亚透明至半透明黄绿色;肉眼很少见包裹体;产生猫眼闪光需要强光源
放大检查	天然包体;常衬箔(见拼合石)	平直的,定向排列的包裹体

鉴别索引	关键测试
虎睛石与染色虎睛石	放大检查、颜色(可能)

有特殊光性石英的鉴别(2-2)
砂金效应

	石英 砂金石	石英/石英岩 染成绿色者	日光石 奥长石
常见颜色及外观	绿色(由铬云母包体引起),具有砂金效应	绿色(染色的)(见注);由于多晶集合体的晶面可呈现砂金效应(不是由片状包裹体产生的)	橙色,具有砂金效应;如果片状体非常小,则可呈类似于黄金色彩的特殊光性
放大检查	微小圆盘状的绿色铬云母片无规则地分布	染料多集于裂缝中	微小的片状物(可能氧化为赤铁矿)无规则分布
折射率	1.544—1.553	1.544—1.553	1.539—1.547
断口	粒状断口至贝壳状断口	粒状断口至贝壳状断口	不规则至齿状断口;可显阶梯状断口
解理	无	无	无
偏光反应	不消光	不消光	不消光或双折射
光谱	400　　500　　600　700	400　　500　　600　700	无特征

注意:尽管本节仅讨论与染成绿色材料的鉴别,但石英的多晶集合体实际上可以染成任意颜色。此外石英单晶加热后冷却成龟裂状,然后染成各种颜色。

鉴别索引	关键测试
砂金石与染绿色石英	放大检查、光谱
砂金石与日光石奥长石	外观、断口、解理、光谱
染色石英与日光石奥长石	外观、断口、解理、光谱
亚透明至不透明石英与玉髓	断口光泽、偏光反应(可能);关键要熟悉石英及玉髓的变种
染色石英与染色玉髓	外观、断口、光谱、放大检查
日光石奥长石与星彩石玻璃	断口、解理、外观、光性(可能)

玉髓的鉴别(5-1)
概 括

	玉髓（一般性质）
透明度	亚半透明至不透明
颜 色	除无色外的所有颜色；可以染成任意颜色（见注）
折射率	1.535—1.539；1.53 或 1.54 点测法
双折率	0.000—0.004；在抛光良好的平面很少能观察到
偏光反应	除不透明者外，常为不消光
相对密度	2.60±；红色碧玉一般为 2.70，染蓝碧玉常为 2.55—2.60
断 口	无光泽至蜡状光泽的贝壳状断口至不平整断口

注意：玉髓存在大量的变种，根据颜色、颜色的分布、透明度或其他现象进行划分。一旦某种材料被鉴定为玉髓，就必须参考种和变种章节正确地定出变种。在本页及随后的各页中列出的特殊的鉴别是针对那些易于相互或易与其他宝石材料混淆的玉髓变种而论。

	玉髓	蛇纹石
折射率	1.53 或 1.54	1.56 或 1.57；可能低至玉髓的折射率值
硬 度	6.5—7；一般抛光良好	常为 2—4；有抛光不良易刻痕等现象；鲍文玉（叶蛇纹石）变种的硬度为 5—6
断 口	无光泽至蜡状光泽的贝壳状断口	无光泽的等粒断口至不平整断口
光 谱	无特征	半透明深绿色变种

鉴别索引	关键测试
玉髓与蛇纹石	断口、硬度、光谱、折射率（可能）
玉髓与蔷薇辉石	外观、相对密度、断口、折射率（可能）
玉髓与*苏纪石	颜色、折射率、相对密度、断口、光谱
玉髓与天河石	折射率、结构、断口及解理
玉髓与黑曜岩	折射率、相对密度、断口光泽
玉髓与石英	外观、断口光泽、双折率、相对密度、断口（可能）

玉髓的鉴别(5-2)
半透明白色

	玉髓	月光石(正长石)
特殊光性	无;可显乳白色	冰长石晕彩
偏光反应	仅为不消光	双折射(或很弱);可能呈不消光
解 理	无	两组
断 口	无光泽至蜡状光泽的贝壳状断口	珍珠光泽至玻璃光泽的不规则至锯齿状断口
荧 光	一般为惰性	可有弱粉红色至橙色荧光(长波和短波)

	玛瑙(玉髓)	条纹状大理石(方解石)	*硅碳钙镁石
外 观	半透明,有各种颜色弯曲的或不规则的条带	半透明至不透明,有各种颜色的不规则条带;可染成任何颜色	半透明至不透明;常为粉红色和白色,部分区域可以有褐色、黄色、绿色和/或红色;清晰的放射状纤维结构,并呈"眼球"状外观,可有辉光
折射率	1.53 或 1.54,点测法	1.486—1.658	1.52,点测法
双折率	如果有也很弱	0.172(双折率闪烁法)	一般不明显
硬 度	6.5—7	3;具抛光不良,划痕等现象	5—5.5
断 口	无光泽至蜡状光泽的贝壳状断口	无光泽的粒状断口	无光泽至不平整断口
相对密度	2.60±	2.70±	2.351;如果含石英可更高
荧 光	无特征	无特征	斑块可激发出褐色或白色光

鉴别索引	关键测试
半透明白色玉髓与月光石	特殊光性、偏光反应、解理、断口、荧光(可能)
玛瑙与条纹状大理石	折射率、双折率、硬度、断口
玛瑙与*硅碳钙镁石	外观、相对密度、断口
条纹状大理石与*硅碳钙镁石	外观、折射率、相对密度
*硅碳钙镁石与黝帘石	相对密度、外观、折射率(可能)
*硅碳钙镁石与*绿帘花岗岩	相对密度、外观、折射率(可能)

玉髓鉴别(5-3)
半透明绿色

	绿玉髓(玉髓)	染绿玉髓(玉髓)	铬致色玉髓(玉髓)
颜色及外观	半透明至亚半透明,黄绿色	半透明至亚半透明,绿色至稍带蓝的绿色	不常见;半透明至亚半透明,绿色至浅蓝绿色
放大检查	无特征	看不见染料的浓集	可有黑色八面体铬铁矿包裹体
相对密度	2.63—2.64;如果不包含包裹体的话,常沉于2.62的重液中	2.55—2.60(常漂浮于2.62的重液中)	2.60±;可能比染色绿玉髓稍高;可沉于2.62重液中
滤色镜检查	无反应	呈浅灰色至粉红色至红色调	呈浅灰色至粉红色至红色调
光谱	无特征;在660—700nm处可有阴影截止边	400　　500　　600　　700	400　　500　　600　　700

注意: 玻璃常用来仿制半透明绿色宝石。脱玻化玻璃常显示气泡和"蕨类植物状"结构。见"玻璃和塑料"部分。

鉴别索引	关键测试
绿玉髓与染色绿玉髓	颜色、光谱、滤色镜反应、相对密度
绿玉髓与铬致色玉髓	颜色、光谱、滤色镜反应、放大检查(可能)
绿玉髓与玻璃	放大检查、断口光泽、折射率、相对密度、断口(可能)
染色绿玉髓与铬致色玉髓	光谱、放大检查(可能)
染色玉髓与染色石英	外观、放大检查、断口、光谱

玉髓的鉴别(5-4)

	紫色玉髓	*苏纪石	*紫硅碱钙石
外　观	亚半透明至不透明，紫色	亚透明至不透明；红紫色至蓝紫色，极少数粉红色，见"不透明宝石2-1"	亚透明至不透明；紫色，有漩涡纹和黑色、灰色、白色和褐橙色的点；纤维状外观
点测法折射率	1.53 或 1.54	通常为 1.60—1.61；由于含石英杂质可呈 1.54	1.55 或 1.56
相对密度	2.63—2.64	2.64±0.05	1.68+0.10/−0.14
断　口	无光泽至蜡状光泽的贝壳状断口	无光泽粒状	无光泽裂片状至粒状
滤色镜	呈红色调	无特征	无特征
光　谱			无特征

	半透明染蓝色及紫色玉髓
外　观	半透明，颜色均匀，微带紫的蓝色
点测法折射率	1.53 或 1.54
相对密度	2.63—2.64
断　口	无光泽至蜡状光泽的贝壳状断口
滤色镜反应	呈红色调
光　谱	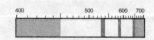

鉴别索引	关键测试
紫色玉髓与*苏纪石	光谱、折射率、相对密度、断口、颜色
紫色玉髓与*紫硅碱钙石	外观、断口、折射率、相对密度(可能)
紫色玉髓与染蓝色/紫色玉髓	颜色、滤色镜反应、光谱
紫色玉髓与蔷薇辉石	外观、相对密度、断口、折射率(可能)；由于含石英杂质可呈 1.54 的折射率值
*苏纪石与*紫硅碱钙石	折射率、外观、光谱

玉髓的鉴别 (5-5)

半透明蓝色

	含硅孔雀石玉髓	天河石微斜长石
外　观	半透明至亚半透明,蓝至绿-蓝色;颜色可以不均匀,可类似于优质绿松石	半透明至不透明,浅绿色至绿蓝,具有格子状外观(绿白色掺杂的图案),偶尔有微弱的辉光
折射率	1.53 或 1.54,点测法	1.522—1.530;1.52 或 1.53,点测法
双折率	如果有也很弱	0.008
相对密度	2.50—2.60,可稍低	2.56±
解　理	无	两组
断　口	无光泽至蜡状光泽的贝壳状断口	不规则至锯齿状

不透明蓝色

	染蓝色碧玉(玉髓)	青金石
外　观	很少与青金石外观相同;不含黄铁矿和方解石杂质	常可见黄铁矿和方解石杂质
折射率	1.53 或 1.54,点测法;通常抛光良好使折射率值高	1.50 或 1.67,点测法,通常抛光不良使折射率值低
相对密度	常为 2.50—2.60	2.75,但可有相当的变化
断　口	无光泽至蜡状光泽的贝壳状断口	无光泽的粒状至不规则状断口

鉴别索引	关键测试
含硅孔雀石玉髓与天河石	外观、解理、断口
染蓝碧玉与青金石	外观、折射率、断口、相对密度

折射率 1.50—1.55
单折射与双折射的宝石(2-1)

	正长石	*透锂长石	*白榴石
常见颜色及外观	有特殊光性的变种:透明至不透明,无色、橙色、黄色、褐色、白色、灰色;通常为浅色调;透明变种:无色、黄色、褐色、褐灰色;通常色调较浅(见注)	无色,玻璃状外观	无色;晶体原石的表皮上常有浅黄色或浅褐色的斑点
折射率	1.518—1.526;具特殊光性者可稍高	1.504—1.516	1.508
双折率	0.005—0.008	0.012—0.016	0.001(可能)
光性及光符	双折射,二轴晶(一);透明者可呈假一轴晶的干涉图	双折射,二轴晶(+)	异常双折射或双折射(晶体结构可能有转变);重复的双晶平面上常显应变干涉色
相对密度	特殊光性变种:2.58—2.60;透明变种:2.56±	2.40+0.06/−0.16	2.48±
放大检查	月光石变种——似蜈蚣状包体	无特征	无特征
解理	两组	三组	不可见
荧光	月光石变种:无至弱,蓝色(长波);橙色(短波);可能有弱的粉红色荧光(长波和短波)	无特征	无特征
特殊光性	冰长石晕彩、猫眼闪光、冰长石晕彩和猫眼闪光、星光(四射)		无特征

鉴别索引	关键测试
月光石与半透明白色玉髓	特殊光性、偏光反应、解理、断口
正长石与*透锂长石	折射率、双折率、相对密度、光符
正长石与*白榴石	折射率、光性、解理
*透锂长石与*钠沸石	折射率、解理(见"其他宝石")

折射率 1.50—1.55
单折射与双折射的宝石(2-2)

	*方柱石	*鱼眼石	*铯榴石
常见颜色及外观	无色、紫色、红色、黄色、绿色、蓝色、紫红色	无色、浅蓝色、浅绿色；也有黄色、红色、紫色	无色
折射率	1.550—1.564+0.015/−0.014	1.535—1.537	1.520
双折率	0.004—0.010（当折射率低时）	0.000—0.003	
光性及光符	双折射，一轴晶（−）	双折射，一轴晶（±）；常显应变干涉色；干涉图经常无法解释；只能呈现畸变的或假干涉图	单折射，常有异常双折射；在验证测试中能改变颜色；可显应变干涉色
相对密度	2.58—2.68；常为 2.60	2.40±	2.92；可稍低
解理	二组	一组	无
荧光	黄色和无色者常为粉红色至橙色荧光（长波）	无荧光至黄色荧光（短波）	常发出橙色或粉红色荧光

鉴别索引	关键测试
*方柱石与*鱼眼石	折射率、双折率、相对密度
*方柱石与正长石	折射率、光性（关于*方柱石鉴定的其他材料）
*鱼眼石与*铯榴石	相对密度、折射率、光性、解理
*鱼眼石与正长石	折射率、双折率、光性、相对密度
*鱼眼石与透锂长石	折射率、双折率、解理
*鱼眼石与*白榴石	折射率、解理
*铯榴石与正长石	双折率、光性、相对密度、解理
*铯榴石与*透锂长石	双折率、光性、相对密度、解理
*铯榴石与*白榴石	折射率、相对密度

具高双折射率的宝石
无机磷酸盐

	*方解石	*文石
常见颜色及外观	*冰洲石：透明，无色单晶；也可有透明的其他颜色 条纹状大理岩：半透明至不透明，具有不规则条纹图案；可染成各种颜色	无色、红色、黄色、绿色、褐色、白色、灰色
折射率	1.486—1.658	1.530—1.685
双折率	0.172（在单晶的解理面上可容易地测出；对条纹状大理岩须用闪烁法测双折率）（见注）	0.155（在解理面上可容易地测出；或用闪烁法测双折率）（见注）
光 性	双折射或不消光；一轴晶（－）	双折射或不消光；二轴晶（－）
相对密度	2.70±	2.94±
解 理	三组	一组
断 口	单晶具有阶梯状断口；粒状集合体为不规则至粒状断口	不规则，半贝壳状至参差状断口
硬 度	3	3.5—4
荧 光	可发出粉红色荧光（长波）	多变：各种颜色

注：用闪烁法测双折率时应注意寻找低值折射率；方解石为1.49左右，*文石为1.53左右。

鉴别索引	关键测试
方解石与*文石	折射率、双折率、光性、相对密度、解理
条纹大理岩与玛瑙	折射率、双折率、硬度、断口、相对密度

具高双折射率的宝石
有机碳酸盐(2-1)

	珊瑚(钙质型)	贝壳	珍珠
常见颜色及外观	白色、粉红色、橙色、橙-红色;色调浅至深	珍珠母变种:具珍珠光泽 浮雕的贝壳:白色和橙色(或褐色)交替层,并具有凹形的背面盖壳变种;不透明,有螺纹结构和似眼球状环形结构	除无色外的所有颜色;可染成任何颜色;呈珍珠光泽
折射率	1.486—1.658	1.530—1.685	1.530—1.685
双折率	0.172(双折率闪烁法)	0.156(双折率闪烁法)	0.156(双折率闪烁法)
放大检查	波纹状平行的纤维结构,常常色调深浅相间;结构一般比贝壳粗——肉眼可见;有珊瑚虫孔(见注)	平直的、不规则状的纤维结构(见注)	用牙咬磨时有砂感
相对密度	2.60—2.70,常沉于2.67的重液中	2.86± 珍珠母贝:2.70—2.75 浮雕用的贝壳:常为2.80	2.70±

	养殖珍珠
常见颜色及外观	除无色外的所有颜色;可染成任何颜色;呈珍珠光泽
折射率	1.530—1.685
双折率	0.156(双折率闪烁法)
放大检查/结构	用牙咬磨时有砂感;钻孔中可见珍珠质和珠核之间的壳质层结合面;对光检查可见核珠的平行结构
相对密度	2.70

具高双折射率的宝石
有机碳酸盐(2-2)

注意：珊瑚和贝壳的区别不能只根据其结构的曲或直，当结构明显为波纹或弯曲状时，应为珊瑚；但不应只凭结构的弯曲程度，还应依据结构的粒度和外观进行鉴别。

鉴别索引	关键测试
珊瑚（钙质型）与贝壳	放大检查、外观、相对密度（可能）
珊瑚（钙质型）与方解石	放大检查、外观（见前页）
珍珠母壳与珍珠/养殖珍珠	形态与结构
珍珠与养殖珍珠	放大检查、对光检查（可能）
珍珠/养殖珍珠与玻璃仿制珍珠	质地（玻璃：用牙咬磨时为滑感）、双折率
珍珠/养殖珍珠与塑料仿制珍珠	质地、双折率、相对密度（见"玻璃和塑料"部分）

极低相对密度的宝石(2-1)

	珊瑚（壳质型）	玳瑁
常见颜色及外观	黑珊瑚变种：亚半透明至不透明，黑色；在透射光下薄的部分呈褐色 金珊瑚变种：黄褐色（见注）	黄色、浅褐色，以及其他色斑的深褐色
折射率	1.56	1.55
放大检查	黑珊瑚：年轮结构（同心圆状生长线）；但并非所有的样品都有 金珊瑚：可显暗淡的辉光	薄片可见特征的斑点，其含有无数小球状颗粒；塑料仿制品中无此特征
相对密度	1.30—2.20，一般为1.30左右	1.29±

注：所论之金珊瑚为夏威夷产的天然珊瑚，但黑珊瑚可经过氧化氢脱色来仿制金珊瑚。在这种情况下，鉴别应根据可见的现象——脱色黑珊瑚的珊瑚虫结构较粗大。

鉴别索引	关键测试
黑珊瑚与塑料	放大检查、折射率（可能）（见"玻璃和塑料"部分）
黑珊瑚与煤精	折射率、放大检查（见"不透明宝石2-2"）
玳瑁与塑料	外观、放大检查（见"玻璃和塑料"部分）

极低相对密度的宝石(2-2)

	琥珀	塑料
常见颜色及外观	透明至不透明；橙色、黄色、褐黄色；有树脂光泽	任意颜色和透明度
折射率	1.54	1.460—1.700
放大检查	各种天然包体：流线、气泡、昆虫	见"玻璃和塑料"部分
相对密度	1.08±；常浮于饱和食盐溶液(相对密度为1.13)	1.30±0.25；常沉于饱和食盐溶液(相对密度为1.13)
偏光反应	一般为强异常双折射；可显应变干涉色；上偏光镜打开时可变成橙红色	双折射，异常双折射；异常双折射常为似蛇状条带
荧光	一般为黄绿色至橙黄色；也有白色、黄色、绿色、蓝色(长波)；较弱(短波)	常发出各种颜色荧光(长波和短波)；很少见黄绿色荧光(见注)

注：有关塑料的其他资料见"玻璃和塑料"部分

鉴别索引	关键测试
琥珀与塑料	相对密度、荧光、折射率(可能)

青金石及其仿制品(2-1)

	青金石	青金石仿制品
透明度	亚半透明至不透明；薄处透明	完全不透明
常见颜色	蓝色、紫蓝色	蓝色、紫蓝色；常为深色调
折射率	1.500；抛光不良可导致折射率偏低；因含方解石或辉石可为1.67	1.55；抛光不良可导致折射率偏低
放大检查	常有白色方解石，黄色金属质黄铁矿存在；比仿制品颗粒大且更明显；黄铁矿轮廓不规则并且不均匀分布；黄铁矿周围常可见深蓝色环	一般仅有非常少量的黄铁矿，无方解石，并且颗粒小，大小均匀；黄铁矿常具非常简单的棱角状的平直的外形并且均匀分布；黄铁矿周围无深蓝色环；在反射光下显示出特征的深紫色斑点
荧 光	一般为中等强度，绿色至黄绿色的荧光（短波）；方解石包裹体可发出粉红色荧光（长波）	无特征
相对密度	2.50—3.00；一般在2.75左右；由于黄铁矿的存在与否而有显著变化	2.33—2.53；几乎总低于青金石
断 口	无光泽的粒状断口至不规则断口	无光泽的粒状断口至不规则断口

鉴别索引	关键测试
青金石与青金石仿制品	颜色、放大检查、折射率、相对密度
青金石与染色青金石	折射率、放大检查、断口、相对密度(可能)
青金石与方钠石	折射率、相对密度、放大检查、透明度(可能)
染蓝色碧玉与方钠石	折射率、相对密度、透明度(可能)
青金石与*蓝铜矿	见"半透明至不透明宝石4-4"

青金石及其仿制品(2-2)

	染色青金石	染蓝色碧玉(玉髓)	方钠石
透明度	亚半透明至不透明	不透明	亚半透明至不透明;通常比青金石更透明
常见颜色	蓝色至紫蓝色	蓝色,颜色通常不均匀	蓝色至紫蓝色;比青金石更偏紫色
折射率	同青金石	1.53 或 1.54;通常抛光良好使折射率较高	1.483;通常抛光良好使折射率较高
放大检查	方解石与黄铁矿(方解石常为染料掩盖)	无黄铁矿和方解石(但含可反射的石英晶体)	常有含白色包裹体的脉纹,外观与智利青金石相似;极少含黄铁矿
荧光	同青金石	一般为惰性	可发出不均匀的橙色或红色荧光(长波和短波)
相对密度	同青金石	2.55—2.60	2.25±;小于青金石
断口	同青金石	无光泽至蜡状光泽的贝壳状断口;在高倍放大镜下断口可显粒状或不规则状	亚玻璃光泽至无光泽的贝壳状断口;但晶体可见解理(可有六组)
光谱	无光泽	无特征	见《宝石参考指导》

注意:尽管方钠石的折射率低于1.50,但因其常与青金石混淆,故亦列于此。

亚半透明至不透明的白色宝石

	象牙(动物象)	*软硼钙石
透明度	一般为亚半透明	一般为亚半透明至不透明
常见颜色	白色,也有黄色、褐色;可染成其他颜色	白色;常染成蓝色(见绿松石及仿制品)
折射率	1.54,点测法	1.59 或 1.60,点测法
放大检查	可显似机械车成的纹路(engine-turned effect)(象牙纹)	有褐色蜘蛛网状脉纹;未抛光材料像白垩光(短波)
荧　光	弱至强,紫至蓝色(长波和短波;长波效果最好)	可有橙色荧光(长波);褐黄色荧光(短波)
相对密度	1.85±	2.85;可低些
断　口	锯齿状断口	粒状断口
光　泽	无光泽至油脂光泽	玻璃光泽至无光泽

注意:此处象牙指动物象牙。它可能与其他动物的牙,植物的似象牙制品、骨制品等混淆。

鉴别索引	关键测试
象牙与塑料	放大检查、相对密度、断口、折射率(可能)(见"玻璃与塑料"部分)

半透明至不透明的绿色宝石

	*磷铝石	蛇纹石	绿松石
透明度	半透明至不透明	亚透明至不透明	亚半透明至不透明
常见颜色及外观	一般为黄绿色；半透明块状者可显深绿色；色调变化很大	一般为黄绿色、绿色或绿黄色；也有白色、褐色和黑色；比*磷铝石更偏黄色	蓝至绿色；单纯绿色者易与*磷铝石或蛇纹石混淆
折射率	1.56 至 1.59，点测法	1.56 或 1.57 或更低	1.60 或 1.61
放大检查	可有灰黄色至白色杂质或脉纹	半透明暗绿色者可有微小的黑色包裹体，白色纹理，或苔藓状包裹体	可有黑色、褐色或白色杂质及金属矿物的包裹体
硬度及光泽	3.5—5，蜡状光泽至玻璃光泽	2—4，鲍文玉（叶蛇纹石）变种5—6；蜡状光泽至油脂光泽；寻找划痕、凹槽等	5—6；蜡状光泽至玻璃光泽
滤色镜	强透射光下显红色，浅绿色者呈粉红色、灰色调	无反应	无反应
荧光	淡绿色荧光（长波）；较黯淡的绿色至黄绿色（短波）	无特征	可发出微弱的绿黄色荧光（长波）；惰性（短波）
相对密度	2.50±（见注）	2.57±，可更低	2.76±（见注）
光谱	见《宝石参考指导》	见《宝石参考指导》	见《宝石参考指导》

注：当借助于相对密度鉴别*磷铝石与绿松石时，应注意样品的质量或致密度。高质量的*磷铝石的相对密度在2.50左右，而高质量绿松石的相对密度在2.76左右，随着质量的降低，相对密度也降低；质量相同时，*磷铝石的相对密度小于绿松石。

鉴别索引	关键测试
*磷铝石与蛇纹石	滤色镜、硬度及光泽、颜色及外观、光谱
*磷铝石与绿色绿松石	滤色镜、颜色及外观、折射率、相对密度
蛇纹石与绿色绿松石	折射率、硬度及光泽、光谱、颜色及外观、光谱
蛇纹石与玉髓	硬度及光泽、断口、光谱、折射率（可能）

第六节 折射率小于和等于 1.50 的宝石

折射率	宝石材料	容易混淆的矿物
1.490	黑曜岩	莫尔达沃玻陨石、欧泊、玻璃、玉髓
1.490	莫尔达沃玻陨石	黑曜岩、欧泊、玻璃
1.486—1.658	方解石	
	透明	*文石
	条纹状大理石	玛瑙玉髓、珊瑚
1.486—1.658	珊瑚（石灰质）	条纹大理石（方解石）、贝壳、象牙
1.483	苏纪石	青金石、染色青金石、青金石仿制品、染蓝色碧玉、玻璃
1.480—1.493	*钠沸石	*透锂长石
1.470—1.700	玻璃（人造）	任何宝石
1.460—1.700	塑料	任何宝石
1.450	欧泊	
	无特殊光性变种	莫尔达沃玻陨石、黑曜岩、玻璃、塑料、萤石、苏纪石
	特殊光性变种	合成欧泊、欧泊玻璃仿制品、欧泊塑料仿制品
1.434	萤石	欧泊、玻璃

各种宝石 (2-1)

	莫尔达沃玻陨石	黑曜岩	欧泊（蛋白石）
透明度	透明至半透明	透明至不透明	透明至不透明
常见颜色及外观	黄绿色至灰绿色；原始表面一般不规则或有皱纹（见注）	透明至亚透明变种：褐色 透明至半透明变种：灰色 半透明变种：具辉光 不透明变种：黑色；带白色斑的黑色；带黑或橙色斑点的褐色（见注）	火欧泊：透明至亚透明，黄色、橙色、红色、褐色 水欧泊/果冻欧泊（Jelly）：透明至亚透明，无色 普通欧泊变种：半透明至不透明，常为白色、灰色、绿色、红色、褐色；几乎可具有所有的颜色
折射率	1.490+0.02/−0.01	1.490+0.02/−0.01	1.450；可低至 1.370
放大检查	天然包裹体、气泡（细长状或环状）、流线、热浪效应（heat-wave effect）	短而粗的黑色针状物；色区、色带（弯曲或直的）；气泡、微晶包裹体	脉石；各种天然包裹体
偏光反应	单折射或异常双折射	单折射或异常双折射	单折射、异常双折射、不消光
荧光	惰性	无特征	透明至亚透明者：无至强，绿色或黄绿色（长波和短波）；可发磷光； 透明至不透明者：无至中，绿褐色（长波和短波）；可发磷光
相对密度	2.36±0.04	2.40+0.10/−0.07	2.15 ±

注：绿色黑曜岩已有报道。若作观察，除不透明者外，实际上无法将其与莫尔达沃玻陨石区分开。

鉴别索引	关键测试
莫尔达沃玻陨石与黑曜岩	颜色及外观特征、透明度（可能）（见注）
莫尔达沃玻陨石与蛋白石	折射率、放大检查、相对密度、颜色及外观和透明度（可能）
莫尔达沃玻陨石与玻璃	放大检查、折射率（可能）；注意：两者中都可有气泡和流线；参见"玻璃和塑料"一节
黑曜岩与蛋白石	折射率、外观、相对密度、放大检查（可能）
黑耀岩与人造玻璃	放大检查、折射率（可能）；注意：两者中都可有气泡和流线；参见"玻璃和塑料"一节
黑曜岩与玉髓	折射率、断口光泽、偏光反应、相对密度（可能）
蛋白石与玻璃	折射率、放大检查、相对密度（可能）

各种宝石 (2-2)

	*钠沸石	萤石
透明度	透明至半透明	透明至半透明
常见颜色及外观	无色、红色、黄色、白色、灰色	绿色、蓝色、紫色；除白色和黑色外的任何颜色，可以有密集的色带
折射率	1.480—1.493，双折率 0.013（见注1）	1.434
放大检查	各种天然包裹体	三角状（四面体）负晶及两相包裹体；液相包裹体
光　性	双折射，二轴晶（＋）	单折射或不消光
荧　光	多变	多变；常为中至强，（长波和短波）；也可能为惰性
相对密度	2.23±	3.18±
硬　度	5—5.5	4；可能有大量的划痕、凹坑等
解　理	可见一组	四组

注1：*钠沸石是惟一的折射率低于1.50的双折射宝石。

注2：*方钠石折射率为1.483，如只就其折射率而言，可能与本节的宝石材料混淆。但由于它的外观特征仅易与青金石混淆，故参见"青金石及其仿制品"一节。

鉴别索引	关键测试
*钠沸石与透锂长石	折射率、解理
萤石与蛋白石	相对密度、解理、折射率（可能）
萤石与人造玻璃	折射率（人造玻璃很少小于1.48）、放大检查、解理、相对密度（可能），参见"玻璃和塑料"一节

具变彩效应的宝石材料 (2-1)

	欧泊	糖处理欧泊	烟熏处理欧泊
常见颜色及外观	黑欧泊：半透明至不透明，黑色或深灰色具有变彩 白欧泊：半透明至亚半透明，白色，且有变彩 火欧泊/墨西哥欧泊：透明至亚透明，黄、橙、红及无色，具变彩 晶体欧泊：透明至亚透明，无色，具变彩 其他资料，见"折射率1.50—1.55单折射与双折射宝石"一节	不透明，均匀的黑色体色；抛光光泽常比天然黑欧泊差；斑块状至斑点状变彩	表面似黑欧泊；黑褐色，斑点状外观，具有不自然的变彩；表面沾水变成黑色，水干后恢复为变彩；表面易受损
放大检查	可能有脉石；各种天然包裹体	欧泊宝石的斑块中及斑块周围，或填充物空隙及脉石周围可见黑色碳微粒；变彩一般出现在宝石近表面处，呈镶嵌状图案；在薄的处理表面破损处可露出表层下带白色调的欧泊	用针尖压表面，产生凹坑；处理表面破损处可露出表层下带白色调的欧泊
折射率	1.45；可低至1.37	一般低	一般为1.38—1.39
荧 光	黑色欧泊或白欧泊：无至中，浅蓝、浅绿或浅黄色（长波及短波），或许有磷光 火欧泊：无至中，绿褐色（长波和短波）；可能有磷光；天然欧泊比合成欧泊发磷光的时间长（使用标样）	惰性	
断 口	亚玻璃光泽至蜡状光泽的贝壳状断口	亚玻璃光泽的贝壳状断口	亚玻璃光泽的贝壳状断口
相对密度	2.15或更低	一般低	一般低
硬 度	5—6.5	一般低	一般低

鉴别索引	关键测试
欧泊与糖处理欧泊	外观、放大检查、折射率、相对密度（可能）
欧泊与烟熏处理欧泊	外观、放大检查、折射率、相对密度（可能）
欧泊与合成欧泊	放大检查、荧光（可能）
欧泊与欧泊玻璃仿制品	放大检查、折射率、相对密度（可能）
欧泊与欧泊塑料仿制品	相对密度、硬度、放大检查、荧光、外观（可能）
欧泊与天然或人造玻璃	见"其他宝石 2-1"一节的鉴别索引

具变彩效应的宝石材料 (2-2)

	合成欧泊	欧泊玻璃仿制品	欧泊塑料仿制品
常见颜色及外观	与天然欧泊相似；在蛋面型宝石的抛光底平面上常显橙色火彩	表面似欧泊	与天然欧泊相似；一般为半透明蓝白色；在蛋面型宝石的抛光底平面上常显橙色火彩
折射率	同天然欧泊	一般为 1.50—1.52；可变	1.50；可以为 1.48—1.49 或高至 1.53
放大检查	变彩斑块各自独立，常呈嵌花状图案；此斑点中具蛇皮状或鳞片状的结构，在透射光或反射光下观察，蛇皮状结构可能会呈现波纹状结构	包体产生的变彩效应常与透射光下的玻璃纸相似	可显"蛇皮状"图案或在遮掩法透射光照明下显柱状图案
荧 光	白色者：中，蓝至黄色、无磷光（长波）；中至强，蓝至黄色，弱磷光（短波）。黑色者：无至弱至中，黄色，无磷光（长波）；无至弱黄色（短波）。参见前页的荧光条款	多变	强白垩状蓝白色荧光（长波）；短波（短波）；无磷光
断 口	同天然欧泊	玻璃光泽，贝壳状断口	玻璃至蜡状光泽 1.20±
相对密度	同天然欧泊	一般为 2.41—2.50；可变 5—6	2.5；用针轻压即有表面凹坑

注1：关于欧泊的玻璃仿制品的其他资料，可参见"玻璃和塑料"一节。

鉴别索引	关键测试
合成欧泊与欧泊玻璃仿制品	放大检查、折射率、相对密度（可能）
合成欧泊与欧泊塑料仿制品	相对密度、硬度

第七节 拼合石

折射率	宝石材料	容易混淆的材料
大于 1.80	石榴石和玻璃二层石	任何透明宝石
1.760 至大于 1.80	石榴石和玻璃二层石	任何透明宝石
1.762—1.770	蓝宝石和合成蓝宝石二层石	蓝宝石、合成蓝宝石
1.762—1.770	蓝宝石和合成红宝石二层石	红宝石、合成红宝石
1.762—1.770	合成蓝宝石和钛酸锶二层石	钻石及假钻
1.728	合成尖晶石和钛酸锶二层石	钻石及假钻
1.728	合成尖晶石三层石	祖母绿、橄榄石、紫水晶；任何透明宝石
1.600—1.700	箔衬	任何透明至半透明宝石
1.577—1.583	绿柱石三层石	祖母绿；任何透明宝石
1.544—1.553	水晶三层石	祖母绿；任何透明宝石
1.544—1.553	水晶和绿柱石三层石	祖母绿；任何透明宝石
1.540—1.550	星光箔衬水晶	星光红宝石、星光蓝宝石；任何星光宝石
1.450	欧泊二层石	欧泊
1.450	欧泊三层石	合成欧泊三层石
1.450	合成欧泊拼合石	欧泊拼合石

拼合石 (5-1)

准则
1. 怀疑任何样品可能是拼合石。
2. 测试刻面型透明样品的顶部与底部的折射率。
3. 所有的样品油浸观察,检查是否有:
   ①接合面;
   ②彩色或无色的胶结层;
   ③冠部和底部之间颜色和突起的差异;
   ④顶部、底部颜色、光泽或突起不同。

定义
1. 二层石
   ①由二片宝石材料经加热熔结而成(如石榴石和玻璃二层石)
   ②由二片宝石材料通过无色胶结粘结而成。
   ③欧泊二层石——见"拼合石,折射率小于和等于1.50"一节。
2. 三层石
   ①由二片宝石材料用有色粘胶粘结成(宝石显示粘胶的颜色)。
   ②由三片宝石材料用无色的粘胶材料粘结而成。
   ③欧泊三层石——见"拼合石,折射率小于和等于1.50"一节。

常见的拼合石

本章节详细地叙述那些在贸易上最常见的拼合石以及某些不甚常见的拼合石。为方便和易于鉴定,把它们按冠部折射率分组。

超率限(折射率大于1.80)

石榴石和玻璃二层石,见本节折射率为1.70—1.80部分(也见于"拼合石,折射率小于和等于1.50"一节)。

拼合石，折射率 1.70—1.80 (5-2)

石榴石和玻璃二层石

结　　构	冠部：石榴石（铁铝榴石）；折射率为 1.790 ± 0.030 底部：玻璃；折射率一般为 1.60—1.70 结合面通常在腰棱平面以上；常不平整
常见颜色	可具任何颜色 注意：虽然顶部的石榴石为红色，但顶视颜色（face-up color）却取决于玻璃的颜色
关键测试	放大检查：石榴石冠部：天然包裹体（见铁铝榴石） 熔结面：气泡 玻璃：典型的玻璃包裹体（见"玻璃和塑料"部分）
红圈效应检测	注意事项：呈红色或紫色的宝石可能看不到红色环，对于其他颜色者假若其石榴石冠非常薄，则也看不到红色环
光　　泽	石榴石：玻璃光泽至亚金刚光泽 玻璃：玻璃光泽
顶部和底部的折射率	注意：偶尔石榴石冠很薄，以致于在顶平面上同时测到石榴石及玻璃的折射率；有时只测到玻璃的折射率。在此情况下，其他测试更为重要（例：红圈效应、光泽、放大检查）
红旗效应	在台面上测定折射率时，或许能见到
油　　浸	注意查找红色石榴石冠部 注意事项：红颜色者或冠部很薄者难以察觉
荧　　光	平行于腰平面观察 石榴石冠部：惰性（长波和短波） 玻璃：可有任何颜色荧光；颜色常为白垩状（长波和短波）

拼合石，折射率 1.70—1.80 (5-3)

	蓝宝石和合成蓝宝石二层石	蓝宝石与合成红宝石二层石
结　构	冠部：天然蓝宝石；一般为绿色；折射率 1.762—1.770（可以稍高）；双折率 0.008—0.010 底部：蓝色合成蓝宝石（焰熔法）；折射率 1.762—1.770；双折率 0.008。蓝色、紫蓝色、绿蓝色；通常为深色调；接合面常在腰棱平面处；通常冠部薄，粘和的亭部深	冠部：天然蓝宝石；一般为绿色；折射率 1.762—1.770（可以稍高），双折率 0.008—0.010 底部：合成红宝石（焰熔法）；折射率 1.762—1.770；双折率 0.008。接合面常在腰棱平面处；通常冠部薄，粘和的亭部深
顶视颜色	蓝色、紫蓝色、绿蓝色；通常色调深	红色、紫红色、橙红色；常为深色调
关键测试	放大检查：蓝宝石冠部：天然包体（见刚玉） 接合面：气泡 合成蓝宝石底部：气泡及弯曲的色带 注意寻查绿色冠部与蓝色底部	放大检查：蓝宝石冠部：天然包体（见刚玉） 接合面：气泡 合成红宝石底部：气泡及弯曲的色带 注意寻查绿色冠部和红色底部
油　浸	平行于腰平面进行观察	平行于腰平面进行观察
荧　光	冠部：无荧光（长波和短波） 底部：无荧光（长波）；常有弱至中强度的白垩状蓝色荧光（短波）	冠部：无荧光（长波和短波） 底部：中至强的红色荧光（长波和短波）。红色、紫红色、橙红色；色调常较深
光　谱	冠部：一般与天然的绿色蓝宝石相同 底部：无光谱 注意：要分别地观察冠部和底部的光谱	冠部：一般与天然的绿色蓝宝石相同 底部：同天然红色宝石 注意：要分别地观察冠部和底部的光谱

拼合石，折射率 1.70—1.80 （5-4）

	合成蓝宝石和钛酸锶二层石	合成尖晶石与钛酸锶二层石
结　　构	冠部：无色合成蓝宝石；折射率 1.762—1.770；双折率 0.008 底部：钛酸锶；折射率大于 1.800 冠部和底部的接合面常在腰棱平面下	冠部：无色的合成尖晶石，折射率 1.728+0.012/−0.008 底部：钛酸锶；折射率大于 1.800 冠部和底部的接合面多在腰棱平面以下
颜　　色	仅为无色	仅为无色
关键测试	折射率：检测顶部及底部	折射率、油浸、色散、硬度（顶部为 8） （见前述"合成蓝宝石与钛酸锶二层石"）
油　　浸	注意寻查突起的差异：在亚甲基碘中合成蓝宝石顶部的突起很低，而钛酸锶底部的突起很高	
色　　散	冠部无明显的色散；而底部有的色散很强（钛酸锶的色散为 0.190）	
硬　　度	顶部：9；底部：5—6；并常具有抛光不良、擦痕、磨损的面棱等现象	

拼合石，折射率 1.70—1.80 （5-5）

	合成尖晶石三层石
结　　构	冠部：无色合成尖晶石；折射率 1.728+0.012/−0.008 中部：有色粘胶 底部：无色合成尖晶石；折射率 1.728+0.012/−0.008
常见颜色	绿色、黄绿色、紫色；或许其他颜色
关键测试	放大检查：粘合面；粘胶层里含有气泡
笔光源	照射腰围，冠部和底部可显颜色而腰围却显无色
油　　浸	注意寻查由彩色粘胶层所粘接的无色透部及底部

拼合石：折射率 1.60—1.70

	箔衬
结　　构	在刻面宝石（任何材料）背部衬箔或镀不透明膜，以增加亮度、颜色和/或特殊光性 注意："莱茵石"是一种箔衬钻石仿制品，常由玻璃制成；折射率可变
常见颜色	可能为任何颜色
关键测试	外观：未镶嵌宝石箔衬明显
透明度	箔衬的透明样品，光线难以透过背刻面

注意：仅仅是为方便起见才将箔衬石放在"折射率 1.60—1.70"一节。实际上，任何宝石仿制品均可加衬，因此它可具有任意的折射率。每次作鉴定都必须提防是否有箔衬的存在。

拼合石，折射率 1.50—1.60 （2-1）

	绿柱石三层石	石英三层石
结　构	冠部：无色或非常浅色的绿柱石；折射率 1.577—1.583；双折率 0.005—0.009 中部：彩色粘胶 底部：无色或极浅色绿柱石；折射率 1.577—1.583；双折率 0.005—0.009 结合面常在腰棱平面处 注意：祖母绿的折射率与其最常见赝品的折射率基本相同	冠部：石英晶体（无色）；折射率 1.544—1.553；双折率 0.009 中部：彩色粘胶 底部：石英晶体（无色）；折射率 1.544—1.553；双折率 0.009 结合面常在腰棱平面处
常见颜色	绿色（模仿祖母绿）；也可为其他颜色	绿色（模仿祖母绿）；也可为其他颜色
关键测试	放大检查、笔光源、油浸（见合成尖晶石三层石）	放大检查、笔光源、油浸（见合成尖晶石三层石）

	石英和绿柱石三层石
结　构	冠部：石英晶体（无色）；折射率 1.544—1.553；双折率 0.009 中部：彩色粘胶 底部：无色或很浅颜色的绿柱石；折射率 1.577—1.583；双折率 0.005—0.009 结合面常在腰棱平面处
常见颜色	绿色（模仿祖母绿）；也可为其他颜色
关键测试	放大检查、笔光源、油浸（见合成尖晶石三层石）

注：有绿柱石和石英三层石（绿柱石为冠部，石英为底部）。

注意事项：所述的三层石仅是最常见的一部分。实际上任何宝石材料或它们的组合都可以构成三层石。

拼合石，折射率 1.50—1.60 (2-2)

箔衬星光石英

结 构	星光石英衬以箔或其他不透明物为增强或产生星光效应，并透出与星光蓝宝石或星光红宝石相仿的颜色。点测法折射率为 1.54 或 1.55。
顶视颜色	蓝色、红色；或其他颜色
关键测试	折射率
外 观	平行腰围进行检查；沿该方向所见石英的颜色（常常是粉红色）不受背衬的影响

拼合石，折射率小于和等于 1.50

欧泊二层石

结 构	欧泊薄片衬上黑玉髓（常见）或玻璃、劣质蛋白石等，并用黑色胶粘接。欧泊折射率为 1.45，或稍低
关键测试	外观：若宝石未镶嵌，从边部检查时能看出拼合特征
外 观	注意事项：天然成因的脉石层或劣质蛋白石层在琢磨时也把它们留作天然欧泊的背衬，不要误认为是双层石

欧泊三层石

结 构	无色的弧面形顶部（通常为石英晶体）用无色的胶粘与欧泊薄片粘在一起，在欧泊片之下用黑色胶粘上黑玉髓，或玻璃、劣质蛋白石等。不能测得欧泊的折射率。
关键测试	外观：若宝石未镶嵌，可以从边部检查时能看出拼合特征

合成欧泊拼合石

结 构	与欧泊拼合石基本相同，只是用合成欧泊薄片代替天然欧泊
关键测试	放大检查：合成欧泊部分的鉴定可根据镶嵌状的变彩色斑，以及各色斑中具有蛇皮状的或鱼鳞状的结构；镶嵌状色斑可显波浪状

第八节 玻璃和塑料

玻璃与塑料的鉴定

玻璃类

仿绿玉髓

仿珍珠/养殖珍珠

仿莫尔达沃玻陨石

仿黑曜岩

仿欧泊

仿合成欧泊

仿萤石

塑料类

仿煤精

塑料处理的绿松石

仿珍珠/养殖珍珠

仿黑珊瑚

仿龟壳

仿琥珀

仿象牙

仿欧泊

玻 璃

常见玻璃仿制品

1. 仿透明宝石——可呈任何颜色及无色（如钻石、红宝石、蓝宝石、祖母绿）。
2. 仿半透明至不透明的宝石——可呈任何颜色（如翡翠、绿松石、珊瑚、贝壳、象牙、青金石、玉髓）。
3. 仿具特殊光性的材料：
   ①仿猫眼——可有多种颜色。
   （ⅰ）"火眼（Fine Eye）"——含有长的、平行的管状气泡。
   （ⅱ）仿"猫眼"、"卡西魁（Cacique）"或"华夏猫眼"——含有截面上呈六边形，能产生蜂窝效应（"honeycomb" effect）的长光导纤维。
   ②砂金效应——"金星石"是布满褐色的三角形、截角三角形或八边形铜晶体混入物的无色玻璃，具有闪光效应和褐至橙色范围的体色；其他的砂金玻璃可有各种颜色。
   ③变彩效应：
   （ⅰ）玻璃欧泊仿制品（几乎具有与欧泊相同的效应）——包体产生的变彩效应类似于透射光下玻璃纸的色彩，或在两层玻璃之间夹衬不规则的虹彩金属箔衬。
   （ⅱ）珍珠母衬玻璃——以珍珠贝壳薄片为衬的玻璃。
   ④冰长石晕彩——具缎子结构的玻璃，与月光石相似。
   ⑤晕彩效应——"北极光"（"Awrora Barealis"）；具很薄的晕彩涂层的玻璃。
   ⑥珍珠光彩——有各种不同类型的玻璃珠，或有或无晕彩涂层。
   注意：有些玻璃因产生晕彩而失去光泽。

玻璃的性质

手　　感	触及时有温感
透明度	透明至不透明
颜　　色	任意颜色
折射率	正常范围 1.48—1.70
偏光反应	异常双折射、单折射、不消光或不透明；透明者常常显示似蛇状条带的强烈的异常双折射；半透明至透明者为不消光
相对密度	2.30—4.50
放大检查	流线（漩纹 swim striae）；气泡（球状的、卵状的、细长状的、管状的，还可拉长而成带尾状）；凹痕面；"橙子皮"效应（表面呈轻微的小坑和不平坦状，为模制品的特征）；圆滑的刻面面棱（见注），表面上半球状的孔洞
硬　　度	5—6
色　　散	多变（0.009—0.098）
荧　　光	荧光的颜色常多变；常呈白垩色（长波和短波）
断　　口	玻璃光泽的贝壳状断口
特殊光性	多变

注：鉴定玻璃和塑料的关键是要认识到任何时候都有可能遇到这两种材料。这两种材料可以仿制任何宝石材料。虽然可以仿制出与天然宝石相同的折射率和相对密度，但无法仿制出具有与天然宝石所有的光学、物理和化学性质相同的材料。

塑　料

常见塑料仿制品
1. 仿透明宝石——所有颜色及无色的宝石（如钻石、红宝石、蓝宝石、祖母绿）。
2. 仿半透明至不透明的宝石——所有颜色的宝石（如翡翠、绿松石、玉髓）。
3. 仿有机宝石——通常仿制煤玉、黑珊瑚、琥珀、龟壳、珍珠、珊瑚、象牙、贝壳。
4. 仿特殊光性的宝石：
　①砂金效应——含有铜包裹体的塑料，类似于"金星石"玻璃。
　②变彩——由微小的塑料球压制成的欧泊仿制品，可产生与欧泊相同的变彩效应。
　③冰长石晕彩——具有似月光效应的塑料。
　④珍珠光彩——珍珠和珍珠母的塑料仿制品。

塑料的性质

手　感	触及时有温感
透明度	透明至不透明
颜　色	任意颜色
折射率	1.460—1.470；通常较低
偏光反应	异常双折射、单折射、不消光或不透明；透明者常显似蛇状条带的异常双折射，半透明至亚透明者常不消光
相对密度	1.30±0.25，但很少能浮于饱和盐溶液（其比重为1.13）
放大检查	流线（漩纹）；气泡（球状、卵状、细长状、管状、可拉长成带尾状；凹痕面；"橙皮"效应（表面是小坑和不平坦状，为模制品的特征）；圆滑刻面面棱（见前页注）；表面上有半球状孔洞
硬　度	1.5—3，能看到划痕、凹坑等
荧　光	常为各种颜色的荧光（长波和短波）
断　口	无光泽至玻璃光泽的贝壳状断口至不平整断口
特殊光性	多变

第五章 种和变种

族、种和变种之间的关系定义如下：

族：两种或两种以上化学成分相似、结构和性质相同的一组宝石矿物，如：石榴石族或长石族。

种：具有相同的化学组成，并且通常具有特定的晶体结构的矿物。

变种：依颜色、透明度或特殊光性和/或微量化学组分对种进行的进一步划分。

双星号（＊＊）冠于某变种名之前，表示该变种（及其种）是学员宝石鉴定考试所必须掌握的。若有相关的族，也用此标出。

此处列出常见处理方法，且可以用简单的宝石学测试方法测出（GIA 宝石课程的学生要求能鉴定此处列出的处理方法）。该表未囊括所有可能的处理方法。

种和变种检索表

（按英文字母排列）

Amber 琥珀 …………………… (163)
Andalusite 红柱石 …………… (163)
Beryl 绿柱石 ………………… (163)
    Synthetic Beryl 合成绿柱石 …… (163)
Calcite 方解石 ………………… (164)
Chalcedony 玉髓 ……………… (164)
Chrysoberyl 金绿宝石 ………… (165)
    Synthetic Chrysoheryl 合成金绿宝石
    …………………………………… (165)
Coral 珊瑚 …………………… (165)
Corundum 刚玉 ……………… (166)
    Sythetic Corundum 合成刚玉 … (166)
CZ 合成立方氧化锆 …………… (166)
Diamond 钻石 ………………… (166)
    Synthetic Diamond 合成钻石 … (167)
Diopside 透辉石 ……………… (167)
Feldspar Group 长石族 ……… (167)
    Labradorite 拉长石 …………… (167)
    Microcline 微斜长石 ………… (167)
    Oligoclase 奥长石 …………… (167)
    Orthoclase 正长石 …………… (167)
    Plagioclase 斜长石 …………… (168)
Fluorite 萤石 ………………… (168)
GGG 钆镓榴石 ………………… (168)
Garnet Group 石榴石族 ……… (168)
    Almandite 铁铝榴石 ………… (168)
    Andradite 钙铁榴石 ………… (168)
    Grossularite 钙铝榴石 ……… (168)
    Hydrogrossular 水钙铝榴石 … (168)
    Malaia 镁锰铝榴石 …………… (168)
    Pyrope 镁铝榴石 ……………… (169)
    Rhodolite 铁镁铝榴石 ……… (169)
    Spessartite 锰铝榴石 ………… (169)
Glass，Manmade 人造玻璃 …… (169)
Glass，Natural 天然玻璃 ……… (169)
Hematite 赤铁矿 ……………… (170)

Imitation Hematite 仿赤铁矿 …… (170)
Idocrase 符山石 ……………… (170)
Iolite 堇青石 ………………… (170)
Ivory 象牙 …………………… (170)
Jadeite 翡翠（硬玉）………… (170)
Jet 煤精 ……………………… (170)
Lapis Lazuli 青金石 ………… (170)
Malachite 孔雀石 …………… (170)
Nephrite 软玉 ………………… (171)
Opal 欧泊 …………………… (171)
    Synthetic Opal 合成欧泊 …… (171)
Pearl and Cultured Pearl 天然珍珠和
    养殖珍珠 ……………………… (171)
Peridot 橄榄石 ………………… (172)
Plastic 塑料 …………………… (172)
Quartz 石英 …………………… (172)
    Synthetic Quartz 合成石英 …… (172)
Rhodochrosite 菱锰矿 ………… (172)
Rhodonite 蔷薇辉石 ………… (173)
Synthetic Rutile 合成金红石 … (173)
Serpentine 蛇纹石 …………… (173)
Shell 贝壳 …………………… (173)
Sodalite 方钠石 ……………… (173)
Spinel 尖晶石 ………………… (173)
    Synthetic Spinel 合成尖晶石 … (173)
Spodumene 锂辉石 …………… (174)
Strontium Titanate 钛酸锶
Topaz 黄玉（托帕石）………… (174)
Tortoise Shell 玳瑁（有机质）… (174)
Tourmaline 电气石 …………… (174)
Turquoise 绿松石 …………… (174)
    Synthetic Turquoise 合成绿松石 …
    …………………………………… (175)
YAG 钇铝榴石 ………………… (175)
Zicron 锆石 …………………… (175)
Zoisite 黝帘石 ………………… (175)

（按汉语拼音字母排列）

B
玻璃（天然的）Glass (Natural) ……（169）
玻璃（人造的）Glass (Manmade) ……………………………………（169）
贝壳（有机质）Shell ……（173）

C
长石族 Feldspar Group ……（167）
    拉长石 Labradorite ……（167）
    奥长石 Oligoclase ……（167）
    微斜长石 Microcline ……（167）
    正长石 Orthoclase ……（167）
    斜长石 Plagioclase ……（168）
赤铁矿 Hematite ……（170）
    仿赤铁矿 Imitation Hematite ……（170）

D
电气石（碧玺）Tourmaline ……（174）
玳瑁（有机质）Tortoise Shell ……（174）

F
方解石 Calcite ……（164）
方钠石 Sodalite ……（173）
符山石 Idocrase ……（170）

G
钆镓榴石（人造）GGG ……（168）
橄榄石 Peridot ……（172）
刚玉 Corundum ……（166）
    合成刚玉 Synthetic Corundum ……（166）
锆石 Zircon ……（175）

H
合成金红石 Synthetic Rutile ……（173）
合成立方氧化锆 CZ ……（166）
红柱石 Andalusite ……（163）
琥珀 Amber ……（163）
黄玉 Topaz ……（174）

J
尖晶石 Spinel ……（173）
    合成尖晶石 Synthetic Spinel ……（173）
金绿宝石 Chrysoberyl ……（165）
    合成金绿宝石 Synthetic Chrysoberyl ……………………………………（165）
堇青石 Iolite ……（170）

K
孔雀石 Malachite ……（170）

L
锂辉石 Spodumene ……（174）
菱锰矿 Rhodochrosite ……（172）
绿柱石 Beryl ……（163）
    合成绿柱石 Synthetie Beryl ……（163）
绿松石 Turquoise ……（174）
    合成绿松石 Synthetic Turquoise ……（175）

M
煤精 Jet ……（170）

O
欧泊 Opal ……（171）
    合成欧泊 Synthetic Opal ……（171）

Q
蔷薇辉石 Rhodonite ……（173）
青金石 Lapis Lazuli ……（170）

S
珊瑚（有机质的）Coral ……（165）
蛇纹石 Serpentine ……（173）
石英 Quartz ……（172）
    合成石英 Synthetic Quartz ……（172）
石榴石族 Garnet Group ……（168）
    铁铝榴石 Almandite ……（168）
    钙铁榴石 Andradite ……（168）
    钙铝榴石 Grossularite ……（168）
    水钙铝榴石 Hydrogrossular ……（168）
    镁锰榴石 Malaia ……（168）
    镁铝榴石 Pyrope ……（169）
    铁镁铝榴石 Rhodolite ……（169）
    锰铝榴石 Spessartite ……（169）
塑料 Plastic ……（172）

T
透辉石 Diopside …………… (167)
钛酸锶 Strontium Titanate ………… (174)

X
象牙（有机质的）Ivory ………… (170)

Y
钇铝榴石（人造）YAG ………… (175)
萤石 Fluorite ………… (168)
黝帘石 Zoisite ………… (175)

玉髓 Chalcedony …………… (164)
翡翠（硬玉）Jadeite ………… (170)
软玉 Nephrite ………… (171)

Z
珍珠和养殖珍珠 Pearl and Cultured Pearl ………… (171)
钻石 Diamond ………… (166)
合成钻石 Synthetic Diamond …… (166)

以下列出了 A 表中双星号（＊＊）的种和变种，每个种后面附有常见处理方法。其他处理方法及检测手段见《宝石参考指导》。

琥珀
无定名变种。
处理方法：在油中加热处理，使云状材料净化。

红柱石
＊＊空晶石：半透明至不透明，有黑十字图案。
透明红柱石：无透明变种。
处理方法：无常见处理方法。

绿柱石
＊＊海蓝宝石：绿蓝色至蓝-绿色，常为浅色调。
＊＊祖母绿：浅至很深的绿色，强蓝绿色至浅黄绿色。
＊＊绿色绿柱石：绿色太浅，不够浓郁，或偏黄色调的绿色。
＊＊金色、黄色绿柱石（或 Heliodor）：绿黄色至橙色至黄褐色。
＊＊透绿柱石：无色。
＊＊红色绿柱石：粉红色至紫粉红色，至浅红橙色。
＊＊其他变种：依颜色定名。
特殊光性变种：
＊＊1. 绿柱石猫眼：呈现猫眼效应的任何变种。
＊＊2. 星光绿柱石：呈现星光效应的任何变种。
处理方法：
＊＊海蓝宝石：热处理，使绿色变为蓝色。
＊＊祖母绿：裂隙充填，提高净度和/或改善颜色。
其他变种无流行处理方法。
更多资料见《宝石参考指导》。

合成绿柱石
变种：
＊＊1. 合成祖母绿：浅到深绿色，亦可显浅蓝绿色或浅黄绿色。
＊＊2. 其他合成绿柱石：同上，依颜色定名；也可产生天然绿柱石没有的颜色；特殊色。

方解石

变种：

**1. 冰洲石：无色透明。

**2. 大理石：半透明至不透明，粒状细晶集合体。

**3. 条纹大理石或条纹方解石：半透明至不透明，具有不规则的带状图案；纤维状及板状集合体。

处理方法：

染色，改善颜色。

浸注塑料，提高抛光效果。

其他资料见《宝石参考指导》。

玉髓（隐晶质石英）

变种：（以颜色为依据）

**1. 黑玉髓：亚半透明至不透明黑色，可能为染色，但无法检测。

注意：商业上常常将黑玉髓叫作缟玛瑙或黑玛瑙。

**2. 光玉髓：半透明，橙色、褐橙色、褐红色、橙红至红色；颜色比肉红玉髓浓郁。

**3. 硅孔雀石玉髓：半透明至亚半透明，蓝色至绿-蓝色；由于孔雀石中的含铜矿物包体所致，外观如优质的绿松石。

**4. 绿玉髓：半透明至亚半透明，黄绿色；该名称仅适用于天然材料，不用于染绿色的玉髓。

**5. 褐红玉髓：与光玉髓相似，仅颜色更偏褐色些，故比光玉髓颜色深，且不如之浓郁。

6. 葱绿玉髓：半透明至亚半透明，灰绿色。

变种（依颜色分布和透明度划分）：

**1. 玛瑙：半透明至亚半透明，具有肉眼可见的弯曲或不规则的条带，可呈任意颜色或组合色。

**2. 血滴绿玉髓：亚半透明至不透明，深绿带有肉眼可见的红色或褐红色的色斑。

**3. 枝状玛瑙：亚透明至半透明，无色、白色或灰色，带有肉眼可见的枝状或树状的包裹体（一般为深褐至黑色的包裹体）。

**4. 碧玉：亚半透明至不透明，除黑色和红斑绿玉髓外的任意颜色或组合色。

5. 玉髓：亚透明至半透明，白到灰色。

**6. 苔藓玛瑙：亚透明至半透明，无色、白色或灰色，见有肉眼可见的各种颜色（常为绿色）的苔藓状包裹体。

**7. 缟玛瑙：半透明至不透明。具有常为黑白相间的平行的平直层或色带。

注意：商业上常常将不透明的黑玉髓叫作缟玛瑙或黑玛瑙。

**8. 缠丝玛瑙：含有肉红色玉髓或光玉髓条带与白色层和/或黑色层交替的缟玛瑙。

特殊光性变种：
**1. 火玛瑙：半透明至亚半透明，深橙褐色至褐色，具有葡萄状结构；呈现虹彩效应。
2. 虹彩玛瑙：半透明，用透射光照射薄的部位时，沿典型的葡萄状玛瑙结构呈光谱色。
处理方法：
染色，改变颜色。
热处理，使黄色或褐色材料产生橙色或橙红色。
见《宝石参考指导》。

金绿宝石

无特殊光性的透明金绿宝石变种：无定名变种。
特殊光性变种
**1. 变石：具变色效应；日光下呈鲜明的绿色，在白炽灯光下变为鲜明的红色，但通常为色调柔和深绿至褐紫红色。
**2. 变石猫眼：既有变色又有猫眼闪光的金绿宝石。
**3. 猫眼：具猫眼闪光效应；体色通常为黄色、绿色、褐色或这几种颜色的组合色。
处理方法：未知。

合成金绿宝石

**合成变石。
**透明合成金绿宝石：无定名变种。

珊瑚

钙质型：依颜色定名。
壳质型：依颜色定名。
**黑珊瑚：亚半透明至不透明，黑色。
**金珊瑚：亚半透明至不透明，黄-褐色。
处理方法：
染色，使颜色加深或变色。
浸注环氧树脂，掩盖表面孔洞。
漂白，将黑色珊瑚改为黄色。
见《宝石参考指导》。

刚玉

**1. 红宝石：中至很深的红色；常为橙红色至强紫红色。
**2. 蓝宝石：除了定为红宝石外的其他颜色的刚玉。
注意：蓝宝石这个词在商业上通常仅是指蓝色的刚玉。除蓝色之外其他颜色的蓝宝石通常称为彩色蓝宝石。建议应将其颜色加在前面。如：粉红色蓝宝石、黄色蓝宝石、绿色蓝宝石等。

特殊光性变种：
**1. 星光红宝石：呈星光效应的红宝石；颜色范围可较无星光效应的红宝石稍微宽一点（即颜色上以略浅或更紫）。
**2. 星光蓝宝石：除了定为红宝石的任何其他颜色的、有星光效应的刚玉；蓝色及其他颜色。
**3. 蓝宝石变石：呈变色效应；在日光下呈绿蓝色至蓝绿色，白炽灯光下呈紫色至紫红色。

处理方法：
热处理，提高净度和颜色。
扩散处理，变为其他颜色。
浸油染色，提高净度和色级。
详细资料见《宝石参考指导》。

合成刚玉

**1. 合成红宝石：中浅至深红色，常为微紫红色或微橙红色。
**2. 合成蓝宝石：除了定为合成红宝石外的任何其他颜色的合成刚玉；包括所有颜色。
**3. 合成星光红宝石：呈星光效应；比无特殊光性的合成红宝石在颜色上的界线稍宽（即：其颜色可稍浅或稍带紫色）
**4. 合成星光蓝宝石：除了定为合成红宝石外的任何其他颜色的合成刚玉，且呈现星光效应；包括所有颜色。
**5. 合成变色蓝宝石：在日光下呈偏灰-绿的蓝色或紫色；在白炽灯光下呈紫红色。

CZ 合成立方氧化锆

变种依颜色定名。
处理方法：未知。（市场上有加热处理的黑色CZ——译者）

钻石

变种：依颜色定名。
处理方法：
先辐照处理，然后加热，改变颜色。
激光钻孔并漂白，提高净度。
充填裂隙，提高净度。
镀膜，以改色。

合成钻石

变种依颜色定名。

透辉石

普通透明透辉石：无定名变种。

**1. 铬透辉石：透明的中深绿色，色明艳；铬致色。

特殊光性变种

**1. 透辉石猫眼：呈猫眼效应，通常是很深的绿色。

**2. 星光透辉石：呈星光效应。一般不透明，褐黑色至黑色；通常为四射星光，但也有六射星光。

处理方法：未知。

长 石 族

拉长石

变种：依颜色定名。

特殊光性变种：

1. 晕彩拉长石：具拉长石晕彩。

**2. 拉长石猫眼：具猫眼效应。

**3. 星光拉长石：具星光。

4. 日光石：铜包裹体产生红褐色辉光。

微斜长石

**天河石：亚半透明至不透明，浅绿色至绿蓝色，并具白色的钠长石格状包裹体。

处理方法：注蜡处理，掩盖裂隙。

奥长石

特殊光性变种：

**日光石：透明至半透明，橙色，赤铁矿包体产生辉光。

注意："日光石"这个词指奥长石，但几乎所有的斜长石都具备日光石效应。

正长石

变种：依颜色定名。

特殊光性变种（常见体色为无色、白色、灰色或橙色）：

**1. 正长石猫眼：呈现类似于猫眼的光带。

**2. 猫眼月光石：既有类似猫眼的条带，又有冰长石的晕彩。

**3. 月光石：呈现蓝至白色的冰长石晕彩。

**4. 星光正长石：具四射星光。

处理方法：极少，更多资料见《宝石参考指导》。

斜长石

处理方法：未知。

萤石

变种按颜色划分。

处理方法：热处理变色。

钆镓榴石（GGG）

人造宝石材料，无天然对应物；依颜色定名。

处理方法：未知。

石榴石族

铁铝榴石

无特殊光性变种：依颜色定名。

特殊光性变种：

** 石榴石星光：具有四射或六射星光。

处理方法：未知。

钙铁榴石

** 1. 翠榴石：透明，黄绿色至绿色，常具有肉眼可见的色散。

2. 黄榴石：透明至半透明，黄色至褐色。

处理方法：未知。

钙铝榴石（透明）

** 1. 桂榴石：中至深橙色、褐-橙色至褐黄色。

** 2. 铬钒钙铝榴石：中-浅至深绿色至黄绿色。

3. 其他变种：依颜色定名。

处理方法：未知。

水钙铝榴石

水钙铝榴石实际上是钙铝榴石的半透明变种。为了便于鉴定，将其单独列为一个种。

处理方法：未知。

镁锰铝榴石

镁锰铝榴石实际上是锰铝榴石-镁铝榴石的一个变种。为了便于鉴定，将其单独列为一个种。

处理方法：未知。

镁铝榴石

1. 普通透明镁铝榴石：无定名变种。
2. 铬镁铝榴石：中至深，明艳的红色；铬致色。

处理方法：未知。

铁镁铝榴石

铁镁铝榴石是呈紫至紫红色的石榴石变种。为了便于鉴定，将其单独列为一个种。

注意：商业上将任何偏紫色至紫红色的石榴石，无论其性质如何，都称为红榴石。

特殊光性变种：

**星光红榴石：紫色至紫红色；呈四射到六射星光。

处理方法：未知。

锰铝榴石

无定名的变种。

处理方法：未知。

玻 璃

人造玻璃

特殊光性变种：

**1. 金星石：橙色至褐色，有砂金效应。
2. 玻璃猫眼：猫眼纤维玻璃
3. "梅特玉"（Meta Jade）：仿玉石的部分脱玻化玻璃。
4. "斯罗坎石"：仿欧泊玻璃。

其他变种：

5. 箔衬玻璃：衬箔或涂层以提高亮度或改善颜色。

注：商业上，玻璃产品有很多贸易名称和商标。

处理方法：各种镀膜。更多信息见《宝石参考指导》。

天然玻璃

a. 莫尔达沃玻陨石：绿色至黄绿色

无定名的变种

处理方法：未知。

b. 黑曜岩：

1. 彩虹黑耀岩：显示彩虹颜色。
2. 辉光黑曜岩：灰至黑色，因含有高反射率的包体，而具似金银或五彩缤纷的光泽。
3. 雪片或花瓣状黑耀岩：不透明，黑色含有白色方英石斑晶，其为石英的同质多象体。

注：黑耀岩根据其外观，可有很多被认可的贸易名称。

处理方法：未知。

赤铁矿
无定名的变种。
处理方法：未知。

仿赤铁矿
一种用模具压制的赤铁矿仿制品。

符山石
无定名的变种。
处理方法：未知。

堇青石
无定名的变种。
处理方法：未知。

象牙
象牙一词在商业上通常仅限于表示动物象的象牙。其他变种据其所属的动物的种定名。如：海象牙、河马象牙等等。
处理方法：
漂白，使颜色变浅或去斑。
染色，使象牙仿旧。
更多信息见《宝石参考指导》。

翡翠（硬玉）
变种按颜色划分。
处理方法：经热处理和加染色剂染色。
染色以掩盖裂隙以及提高表面光洁度，酸洗漂白提高净度，去除棕色污点。

煤精
未划分变种。
处理方法：未知。

青金石
未划分变种。
处理方法：染色以使颜色更漂亮。
镀膜或浸泡以固色及提高表面光洁度。

孔雀石
未划分变种。
处理方法：详见《宝石实验指导》。

软玉

变种按颜色划分。

处理方法：染色以致色或改善颜色。

浸泡以掩盖表面裂隙。

欧泊

1. 白欧泊：具变彩，半透明至亚半透明，体色为白色。
2. 黑欧泊：具变彩，半透明至亚半透明，呈黑色、深灰色或其他深色的体色。
3. 火欧泊：透明至亚半透明，变彩或有或无。常为橙色、黄色、褐色或红色，红体色者也称为樱红欧泊。
4. 结晶欧泊：透明至亚透明，无色，并具变彩。
5. 水欧泊：透明至亚透明，无色，很少或无变彩。
6. 圆砾欧泊：于含铁岩系蛋白石薄层中产出的具变彩的蛋白石。
7. 蛋白石：半透明至不透明，可呈任何颜色，但无变彩。

处理方法：

浸注处理，以提高变彩效应，产生似黑欧泊外观以及愈合裂隙。

染色，产生黑欧泊的外观。

合成欧泊

1. 合成黑欧泊：呈现变彩，半透明至亚半透明，具黑、深灰或其他深色的体色。
2. 合成白欧泊：呈现变彩，半透明至亚半透明，具白色体色。
3. 其他变种：依体色定名。

珍　珠

天然珍珠

变种根据来源和颜色命名，如：天然珍珠、淡水珍珠、黑珍珠、白珍珠、粉红珍珠等。

处理方法：

漂白，以使黑色斑点变浅。

颜色，改变颜色或提高净度。

其他鉴别信息见《宝石参考指导》。

养殖珍珠

变种根据来源和颜色命名，如：养殖珍珠、黑珍珠、白珍珠、粉红珍珠等。

处理方法：

漂白，以使黑色斑点变浅。

颜色，改变颜色或提高净度。

辐照产生"黑"珍珠。

其他鉴别信息见《宝石参考指导》。

橄榄石

无定名的变种。

处理方法：未知。

塑料（人造）

无定名的变种。

处理方法：未知。

石英

**1. 紫晶：紫色至蓝紫色，至红紫色。

**2. 黄水晶：黄色、橙色、橙褐色至红-橙色。

**3. 紫-黄晶：双色，具紫晶和黄晶两种颜色，因此商业用名——紫-黄晶。

**4. 水晶：无色。

**5. 芙蓉石：亚透明至半透明，颜色为粉红至紫粉红色。

6. 金红石发晶或电气石发晶：无色水晶或烟晶含有大量的肉眼可见的褐色金红石针或黑色电气石针。

**7. 烟晶：褐色、灰-褐色或黄褐色。

石英岩：半透明至不透明，粗糙变形的石英晶体集合体。

特殊光性变种：

**1. 砂金石：具砂金效应的石英岩，因含铬云母碎片，常显绿色。

2. 石英猫眼（勒子石）：亚透明至半透明，灰褐色、绿色至绿黄色，具猫眼效应。

**3. 鹰睛石：亚半透明至不透明，灰蓝色，并具波状猫眼闪光（Chaloyancy），它是纤铁钠闪石假象的石英。

**4. 星光石英：呈现星光效应，通常为六射星光，最常见于芙蓉石。

5. 虎睛石（Tiger's-eye）：亚半透明至不透明，褐黄色至褐色，至红褐色，具波状的猫眼闪光（chatoyancy）。它是纤铁钠闪石假象的石英。

处理方法：

淬火炸裂，以产生晕彩效应，或使染料易浸入。

辐照改色。

热处理改色。

镀膜，以改善颜色及/或增加星光。

染色改善颜色。

其他资料见《宝石参考指导》。

合成石英

所有变种：变种定名同上；可产生很多天然石英没有的颜色。

菱锰矿

无定名变种。

处理方法：未知。

蔷薇辉石

无定名变种。

处理方法：未知。

合成金红石

依颜色定名。

处理方法：更多资料见《宝石参考指导》。

蛇纹石

1. 鲍文玉：半透明、绿白色至黄绿色；也可杂有白斑；常作为翡翠的赝品。
2. 威廉玉：亚透明至半透明，淡绿色，常含黑色小包裹体。

处理方法：

染色，产生各种颜色。

浸注蜡，掩盖裂隙。

更多资料见《宝石参考指导》。

贝壳

**1. 珍珠母：呈珍珠光泽。

**2. 壳盖：不透明，具有螺纹结构和眼状结构。因其具猫眼状外观又称贝壳猫眼——译者。

注意：盔状贝壳的浮雕，通常为褐橙色的底上雕着的白色图案。

处理方法：染色，产生各种颜色。更多资料见《宝石参考指导》。

方钠石

无定名变种。

处理方法：未知。

尖晶石

透明无特殊光性变种：变种依颜色定名。

特殊光性变种：

**1. 尖晶石变石（Alexandrite-like）：有明显的变色效应；日光下，呈灰蓝色；白炽灯光下，呈紫色至紫红色。

**2. 星光尖晶石：呈星光效应；常为四射星光，但也有六射星光的，很罕见。

处理方法：未知

合成尖晶石

透明无特殊光性变种：变种依颜色定名。

特殊光性变种：

**合成尖晶石变石：呈变色效应；在日光下，显深绿色；在白炽灯光下呈紫红色，一般变色不甚明显。

锂辉石

**1. 紫锂辉石：透明、粉红至紫粉色，一般为浅色调。
2. 翠绿锂辉石：透明，中淡至中绿色，外观像翡翠。
3. 其他变种。依颜色定名。
处理方法：辐照改色。更多资料见《宝石参考指导》。

钛酸锶

无定名变种。
处理方法：未知。

黄玉

透明变种：变种依颜色定名。
处理方法：
热处理改色，辐照处理改色。
更多资料见《宝石参考指导》。

玳瑁

无定名变种。

电气石（碧玺）

**铬电气石：浓绿色，铬或钒致色。
多色碧玺：一种以上颜色。
西瓜碧玺：中心为粉红色，外围绿色。
其他变种：依颜色划分。
注意：在商业上常用一些矿物学的变种名来确定颜色；如：红电气石（红色），蓝电气石（蓝色），等等。
特殊光性变种：
**电气石猫眼：具猫眼闪光，一般为绿色、蓝色或粉红体色。
处理方法：
热处理改色，辐照处理改色。
更多资料见《宝石参考指导》。

绿松石

无定名变种。
处理方法：
浸注塑料，以改善颜色，提高耐久度。
浸蜡处理，以加深颜色，填封孔洞。
染色，模仿脉石。
在绿松石薄片后背衬树脂，使其加固。
更多资料见《宝石参考指导》。

合成绿松石

无定名的变种。

钇铝榴石（YAG）

一种人造材料，无天然对应物；变种依颜色定名。

锆石

变种依颜色定名。

处理方法：

热处理改色。

更多资料见《宝石参考指导》。

黝帘石

**1. 坦桑石：透明，蓝色至紫色，至蓝紫色。

**2. 锰黝帘石：半透明至不透明，粉红色至橙粉红色，常带有灰或白色的斑点。

3. 其他变种：依颜色定名。

处理方法：热处理改色。

更多资料见《宝石参考指导》。

说　　　明（并非适合所有样品）	宝石材料
口常为红褐色；无磁性至中等磁性；凹雕背面常抛光。易与"仿赤铁矿"相混	赤铁矿
。一般无瑕疵，可能含气泡。易与锆石混淆；色散、双折射、光谱、放大观察是鉴别的关键	合成金红石
至粒状；面棱尖锐；含棱角状包裹体；无透视效应，热导率比所有仿钻石都高。易与立方氧化锆、铝榴石（YAG）、钛酸锶相混。光谱常用于鉴别经辐射处理的样品	金刚石
能含气泡；有抛光痕。常见磨损或圆化面棱。无透视效应。在亚甲基碘中为高突起。易与钻石、立石相混淆	钛酸锶
氧化锆和气泡，略有透视效应；在亚甲基碘中显中等突起；易与钻石、钆镓榴石、钇铝榴石、钛	合成立方氧化锆
能含气泡，短波紫外线下，无色GGG常见强粉橙色荧光效应，中度透明，次基碘中低—中突起，锶相混	钆镓榴石
石；易与合成金红石相混。具磨损面棱；常见天然包体。低型锆石：双折射或微或无；有脱晶反散角状包裹体，易与翠榴石相混	锆石
纤维体（"马尾"），易与低型锆石和绿色钇铝榴石相混。半透明至不透明者：菱形相嵌双晶，绿锌矿相混	钙铁榴石
有气泡。无色者强透视效应。在亚甲基碘中为低突起。易与钻石、立方氧化锆、钆镓榴石、钛酸；透射光下有红色闪光，易与翠榴石和低型锆石相混	钇铝榴石
两相包体；强异常双折射。以颜色和光谱区别于铁铝榴石。常见铁铝榴石-锰铝榴石、锰铝榴石-和石榴石变石即为两种锰铝榴石-镁铝榴石固溶体	锰铝榴石
角为70°和110°；显高及低突起；强异常双折射；易与其他红榴石和红宝石相混。星含片状黑色包裹体。常见镁铝榴石-铁铝榴石及铁铝榴石-锰铝榴石的固溶体	铁铝榴石
裹体，在同一平面内呈60°交角的三组不同方向的丝绢包裹体（金红石）；复式双晶，直的或角状处理	刚玉
（可能因淬火而成碎裂状或模糊不清）。包裹体是与天然刚玉区别的关键；光谱和荧光可起辅助作	合成刚玉（焰熔法）
键，助熔剂（常为白色，也可显黄或橙色调）呈指纹状、束状、面纱状、球粒状、水滴状、六边或角状生长纹	合成刚玉（助熔剂法）
体；包体和光谱与铁铝榴石基本相同；强异常双折射。易与其他红榴石及刚玉相混；颜色、折射	铁镁铝榴石
；双晶；易与刚玉和钙铝榴石相混。合成亚历山大石：助熔剂法；似面纱、指纹的粗糙的助熔剂包裹，具气泡和（或）弯曲条纹。合成亚历山大石比天然者有稍低的折光率和更强的荧光效应	金绿宝石
体；强异常双折射；折射率常在1.740—1.750之间，极罕见低于1.735者。易与红宝石、尖晶石谱是鉴定的关键。常与铁铝榴石和锰铝榴石成固溶体	镁铝榴石
起晶体。热浪纹效应；强异常双折射。铬钒钙铝榴石及其他颜色者；以各种天然包裹体和荧光效率区别于天然尖晶石	钙铝榴石
体；水含量越高、折射率和相对密度越低；可含黑色包裹体。绿色者易与硬玉和符山石相混。常密度、光谱是鉴定的关键	水钙铝榴石
明者呈桃红至红橙色并常发育脉状黑色氧化锰；因含石英杂质，可测得1.54的折射率。易与锰矿、外观、折射率、双折率、光谱是鉴别的关键	蔷薇辉石
线状或星散状、夹角状）；强异常双折射，偏光镜下显交叉格子状双晶效应，易与尖晶石、钙铝榴光效应和荧光是鉴别的关键。常见绿及黄绿色的三层石	合成尖晶石
纹"型产出），氧化铁锈斑；易与合成尖晶石及钙铝石榴石相混。包裹体、折射率、偏光反应及镁锌尖晶石至锌尖晶石的连续类质同象系列	尖晶石
铝榴石、钠黝帘石岩相混，也可与水钙铝榴石混生。折射率、外观、光谱是鉴别的关键。透明者下常有应变干涉色	符山石
主要的宝石变种；蓝铜紫色；折射率与多色性是鉴定的关键。锰黝帘石变种：半透明—不透明，桃岩；主要由绿帘石和（或）绿帘石组成的岩石，含白色长石；可作为红宝石的围岩产出	黝帘石
混、折射率、双折率及光谱是鉴别的关键。透辉石星光：常为黑色、不透明，四条星线（罕见六绿色	透辉石
、硅铍石、硅线石相混。可经放射处理。紫锂辉石变种：中强—强多色性，常具荧光效应	锂辉石
铝榴石及其他多种材料相混；折射率、相对密度及光谱是鉴别的关键。染绿翡翠光谱上有640.0—翠显示含铬的谱线	翡翠
煤或油味；褐色条痕；刨雕屑破碎而不卷曲。易与塑料、黑珊瑚、玻璃、玉髓、黑曜岩相混	煤玉
射纤维结构及光泽；可呈葡萄状；滴盐酸起泡；淡绿色条痕。杂蓝铜孔雀石由蓝铜矿（蓝色）和	孔雀石
气体包裹体（"莲叶"）；暗八面体铬铁矿形晶体；β（正常光）折射率介于α（慢光）与γ（快和硼铝镁石相混	橄榄石
体；易与黄玉、电气石、磷灰石相混。空晶石变种：不纯，半透明—不透明，灰至褐色，并含有低	红柱石
口平滑，常被气体充填，具有色带；双折率通常为0.20（黑色者偶有接近0.40的）；易与红柱石、或热处理	电气石

说　　　明（并非适合所有样品）	宝石材料
蓝色（1.609—1.617）；黄、橙及其他色（1.629—1.637）。含两种或多种不混溶的液体包裹体；石、电气石、磷灰石、赛黄晶相混。可经辐射处理和（或）热处理	黄　玉
裹体。可被染色或经塑料、蜡、氧化硅处理。易与磷铝石、染色软硼钙石相混。合成绿松石含无	绿松石
和蛇纹石相混。黑色软玉的折射率、相对密度较高	软　玉
明的装饰原石常见玛瑙状条带"肉状条纹效应"。易与蔷薇辉石、水钙铝榴石、锰黝帘石相混	菱锰矿
可含三相、二相包裹体，"指纹"状黄铁矿、方解石、云母或透闪石针状包裹体；可被灌油处理。裹体。可被热处理或辐射处理	绿柱石
延展出锥形两相包体；外观似棉花的束状包裹体，显示生长阶段的波状、层状生长带。可含片化	合成祖母绿（水热法）
粗粒状、指纹状，可显两相；并含铂或硅铍石晶体包裹体；生长线平直或呈角状	合成祖母绿（助熔剂法）
苔藓状包裹体。常显擦痕。抛光不良；易与玉髓、硬玉、软玉、葡萄石相混。鲍文玉变种：硬度	蛇纹石
下有蛋白质味。黑珊瑚可漂白至金黄色。天然金黄色珊瑚：可有微弱晕彩	珊　瑚（壳质）
体及金属片状物常见于具晕彩的拉长石中。无特殊光学效应者易与绿柱石、石英、方柱石、磷钠	拉长石
彩颗粒；热针下有蛋白质味；易于切割；易与塑料和角制品相混。可被塑造及人工着色	龟　甲
晶；可显牛眼干涉图。可受放射处理和热处理。合成石英（仅指水热法单晶）。可显薄饼状晶种，	石　英
与紫水晶、方柱石相混；光性及多色性是鉴定的关键	堇青石
于相混。骨头：折射率1.54±0.02，相对密度2.02±0.08，滴盐酸起泡，空心管状构造，表面有率1.54±0.02，相对密度1.40±0.02，在大致平行的线条中具细胞结构	象　牙
见应变干涉色。气泡、流线、昆虫及其他有机质包裹体，浮于1.13的重液中；热针下有树脂味光。易与熔结琥珀、塑料、玻璃、硬树脂琥珀相混	琥　珀
包裹体。易与其他长石、"黄金"玻璃、砂金石、石英及玉髓相混	更长石
对枝状包裹体；染绿和染蓝者在滤色镜下显粉红色。易与多晶质石英、蛇纹石、玻璃、长石相混	玉　髓
多数膺品具滑感；滴盐酸起泡；易与膺品（如塑料、玻璃）、珍珠母相混。X照相及X光荧光效定性测试	珍　珠（天然与养殖）
与珊瑚、玉髓相混。浮雕：具直的、不规则的纤维构造及内凹的背面。壳盖变种：眼状外观；基种（有珍珠光粉的贝壳）易与珍珠相混	贝　壳
石变种：蓝-绿微斜长石和白色钠长石的网格状交生；易与玉髓相混	微斜长石
蜈蚣状包体，多为正长石与钠长石的交生体。易与玉髓相混。透长石：透明的黄色长石，其物	正长石
含白色方解石及金属矿物黄铁矿的岩石；白—淡蓝色条痕；滴盐酸产生"臭蛋"味；可起泡；可森仿青金石、方钠石、炻合青金石、染色碧玉相混	青金石
气泡、雏晶、短粗的针状包裹体；可呈条带状；可显示光彩；易与玻璃相混	黑曜岩（天然玻璃）
形气泡；常见流线；有翻浪效应，具异常双折射；易与玻璃相混	莫尔达沃玻陨石（天然玻璃）
大理石、条纹状大理石）常被染色。易与玉髓、玛瑙、珊瑚、文石相混	方解石
有珊瑚虫造成的空穴；可用丙酮检测染色与否；滴盐酸起泡。易与贝壳相混。吉尔森仿珊瑚：粒密度为2.40	珊　瑚（钙质）
见白色脉体，少见黄铁矿	方钠石
相混。可经糖、烟、塑料处理。合成欧泊可显示蛇皮状或鱼鳞状色块，并在镜下有柱状构造；磷	欧　泊
旋转纹）；触之有温感；常见强异常双折射，也可呈不消光；实际上可以模仿任何宝石；性质变化"桔皮"效应，下凹小面，浑圆状棱角	玻　璃（人造）
皮"效应；下凹小面；浑圆状棱角，触之有温感；常有应变干涉色和强异常双折射，也可能不消机质宝石；实际上可仿造任何宝石	塑　料
包裹体；常有荧光。蓝色约翰变种：块状带有弯曲条带的多晶集合体	萤　石
是否拼合石而加以怀疑；可任意地组合并显示各种特征。最常见的有：石榴石与玻璃的二层石，合三层石，天然与合成刚玉二层石。关键测试：放大观察、深入测试，冠部与底部的折射率	合成宝石

宝石材料	透明度	特殊光性及其他明显的视觉特征	折射率 正常范围	折射率 双折率	光性与晶系	多色性 2 3 S M W	光谱（nm）	紫外光荧光效应	相对密度	摩氏硬度	断口/解理	说明（并非适合所有样品）	宝石材料
黄铁矿	O	金属光泽			单折射 立方晶系				5.00±0.10	6—6.5	断口：贝壳状至参差状	绿黑至褐黑色条痕；无磁性；可有色带；常见双晶。误称为"愚人金"或白铁矿（斜方硫化铁）	黄铁矿
赤铜矿	Tp	颜色极深，金属光泽	2.849	±0.001	单折射 立方晶系			长、短波：无反应	6.14 +0.01 −0.29	3.5—4	断口：贝壳状至参差状	褐红色条痕；表面蚀变为孔雀石	赤铜矿
闪锌矿	Tp—O	非常强的色散（0.156）	2.369		单折射 立方晶系		★★ 651.0, 667.0, 690.0线	长、短波：无一弱	4.05 +0.09 −0.15	3.5—4	断口：贝壳状 解理：6组完全	常见色带；易与锰铝榴石、锆石、榍石相混	闪锌矿
钼铅矿	Tp—Tl	非常强的双折射；非常强的色散（0.2—0.3）	2.283— 2.405	0.122	双折射、一轴负 四方晶系	·	580.0双峰线，最突出		6.75±0.25	2.5—3	断口：贝壳状至参差状 解理：1组完全?	有时有色带；高饱和的桔黄色；易与白钨矿、锡石相混	钼铅矿
锡石	Tp—O	金刚光泽； 强色散（0.071）	1.997— 2.093	+0.009 −0.006 0.096—0.098	双折射、一轴正 四方晶系	· ·		长、短波：无反应	6.95±0.08	6—7	断口：贝壳状至参差状	常为暗棕至黑色；常有色带；易与钼铅矿、白钨矿相混	锡石
白钨矿	Tp—Tl	中强色散（0.038）	1.918— 1.934	±0.003 0.016	双折射、一轴负 四方晶系	·	★★★ 580.0双峰线最突出	长波：无反应 短波：中强一强	6.00 +0.12 −0.10	4.5—5	断口：次贝壳状至参差状 解理：1组完全	短波紫外线下常具强烈的浅蓝色荧光效应；易与钼铅矿、锡石相混。合成者具多种颜色	白钨矿
榍石	Tp	非常强的双折射； 强色散（0.51）	1.900— 2.034	±0.020 0.100—0.135	双折射、二轴正 单斜晶系	· · ·	★ 530.0双峰线最突出	长、短波：无反应	3.52±0.02	5—5.5	断口：贝壳状至参差状 解理：2组完全?	易与锆石和闪锌矿相混	榍石
锌尖晶石	Tp—Tl	色调非常深	1.800	+0.005 −0.010	单折射 立方晶系		★★★		4.55 +0.09 −0.15	7.5—8	断口：贝壳状	尖晶石-锌尖晶石系列的端员组分；反射光下几乎呈黑色，具特征光谱	锌尖晶石
镁锌尖晶石	Tp—Tl	色调深	1.760	±0.020	单折射 立方晶系		★★★	长、短波：无反应	4.01±0.40	7.5—8	断口：贝壳状	尖晶石与锌尖晶石之间的过渡组分，性质介于二者之间，易与蓝宝石相混	镁锌尖晶石
蓝锥矿	Tp	强双折射 中强色散（0.044）	1.757— 1.804	0.047	双折射、一轴正 六方晶系	· ·		长波：无—弱 短波：弱一强	3.68 +0.01 −0.07	6—6.5	断口：贝壳状至参差状	多色性为特征的蓝至无色；常具白垩荧光效应，可有色带；易与蓝宝石相混	蓝锥矿
羟铜辉石	S—Tl —O		1.752— 1.815 1.75+	0.063	不消光 斜方晶系				3.80 +0.03 −1.27	3.5—4	断口：参差状至裂片状	可有放射纤维构造；可含有斑杂的绿、褐、红或白色斑；常与石英混生，蓝色条痕，易与青金石、蓝铜矿相混	羟铜辉石
十字石	Tp—O	常为块状的十字双晶	1.736— 1.746	±0.015 0.009—0.015	双折射或不消光 二轴正、单斜晶系	· ·	★	长、短波：无反应	3.71 +0.08 −0.06	7—7.5	断口：贝壳状至参差状 解理：1组完全?	商业上所谓的"十字石"，是对那些以60°或90°角相交的大块双晶的专称。透明晶体罕见	十字石
蓝铜矿	Tp—O		1.730— 1.836	±0.010 0.106	双折射、二轴正、单斜晶系	· · ·		长、短波：无反应	3.80 +0.09 −0.50	3.5—4	断口：贝壳状至参差状 解理：2组完全?	常呈块状；浅蓝色条痕；滴盐酸起泡；葡萄状构造普遍，易与青金石和羟铜辉石相混。一般与孔雀石相伴；共生体常作杂蓝铜孔雀石；二者常呈条带状分布	蓝铜矿
绿帘石	Tp—Tl	常为深色调	1.729— 1.768	+0.012 −0.035 0.019—0.045	双折射、二轴负 单斜晶系	· · ·	★在455.0和475.0（较弱）处有定向吸收带	长、短波：无反应	3.40 +0.10 −0.15	6—7	断口：贝壳状至参差状 解理：1组完全?	可以显示假一轴晶干涉图；块状料是饰用钠黝帘石岩和绿帘石岗岩的组成成分	绿帘石
塔菲石	Tp	颜色一般呈不清晰的灰色	1.719— 1.723	±0.002 0.004—0.005	双折射、一轴负 六方晶系	· ·		长、短波：无反应	3.61±0.01	8	断口：贝壳状	罕见。易与尖晶石相混，双折率及光性是鉴别的关键	塔菲石
蓝晶石	Tp	猫眼（罕见）	1.716— 1.731	±0.004 0.012—0.017	双折射、二轴负 三斜晶系	· ·	★★ 435.0 和 445.0 吸收带	长波：无—弱	3.68 +0.01 −0.12	4—7.5	断口：参差状 解理：1组完全、1组明显	常有色带；可显纤维状；在同一晶体内硬度有方向性；一个方向为4，与之垂直的另一个方向为7.5	蓝晶石
硅锌矿	Tp—O		1.691— 1.719	0.028	双折射、一轴正 六方晶系	·	★★ 421.0, 432.0, 442.0, 490.0, 540.0, 583.0 带	长、短波：中强一强 常有磷光反应	4.10 +0.08 −0.21	5.5	断口：参差状 解理：1组明显	绿色荧光和磷光	硅锌矿
蓝线石	Tp—O		1.678— 1.689	+0.034 −0.023 0.011—0.027	裂片状、二轴负 斜方晶系	· · ·		长、短波：无—弱	3.30 +0.11 −0.04	7—8.5	断口：裂片状、参差状；解理：1组完全	透明至半透明不常见，强多色性，半透明至不透明的纤维状集合体像青金石但更像方钠石。晶体常呈包裹体散布在石英晶体中，称作石英中的蓝线石，折射率1.544—1.553，相对密度2.85±0.05	蓝线石
斧石	Tp		1.678— 1.688	±0.005 0.010—0.012	双折射、二轴负 三斜晶系	· · ·	★★定向的412.0, 465.0, 492.0, 505.0 吸收带	长、短波：无反应	3.29 +0.07 −0.03	6.5—7	断口：贝壳状至参差状 解理：1组明显	常为紫褐色，易与柱晶石、顽火辉石、黝帘石相混；颜色、光谱及多色性是鉴别的关键特征	斧石
硼铝镁石	Tp		1.668— 1.707	+0.005 −0.003 0.036—0.039	双折射、二轴负 斜方晶系	· ·	★★452.0, 463.0, 475.0, 493.0 吸收线	长、短波：无反应	3.48 +0.02	6.5—7	断口：贝壳状	易与橄榄石相混；光符（硼铝镁石，强负光符）和光谱是鉴别的关键	硼铝镁石
柱晶石	Tp	猫眼、星光（罕见）	1.667— 1.680	±0.003 0.013—0.017	双折射、二轴负 斜方晶系	· · ·	503.0 弱吸收带	长波、短波：无一中强	3.30 +0.05 −0.03	6—7	断口：贝壳状 解理：2组完全	强负光符，常显假一轴晶干涉图；易与斧石、顽火辉石和透辉石相混	柱晶石
顽火辉石	Tp—O	猫眼、星光（罕见） 常作深色调	1.663— 1.673	±0.010 0.008—0.011	双折射、二轴正 斜方晶系	· · ·	★★定向的505.0和550.0吸收线是关键	长、短波：无反应	3.25 +0.15 −0.02	5—6	断口：参差状 解理：2组明显	归于紫苏辉石（折射率1.715—1.731，相对密度3.45±0.05，二轴负）类。易与斧石、柱晶石、透辉石相混	顽火辉石
硅线石	Tp—O	猫眼	1.659— 1.680	+0.004 −0.006 0.015—0.021	双折射或不消光 二轴正、斜方晶系	· ·	★ 弱 410.0, 441.0, 462.0 吸收带		3.25 +0.02 −0.11	6—7.5	断口：参差状 解理：1组完全	常为纤维状和块状，易与硬玉相混。透明者罕见；易与硅柱石相混	硅线石
绿铜矿	Tp—Tl	颜色深且非常饱满	1.655— 1.708	+0.012 0.051—0.053	双折射、一轴正 六方晶系	· · ·		长、短波：无反应	3.30 ±0.05	5	断口：贝壳状至参差状 解理：3组完全	颜色类似于优质祖母绿的颜色，但其蓝色成分重	绿铜矿
硅铍石	Tp	一般色调浅	1.654— 1.670	+0.026 −0.004 0.016	双折射、一轴正 六方晶系	· ·		长、短波：无一弱	2.95 ±0.05	7.5—8	断口：贝壳状 解理：1组清楚	易与锂辉石和蓝柱石相混，光性是鉴别的关键特征	硅铍石
蓝柱石	Tp		1.652— 1.671	+0.006 −0.002 0.019—0.020	双折射、二轴正 单斜晶系	· ·	★★	长、短波：无反应	3.08 +0.04 −0.10	7.5	断口：贝壳状 解理：1组完全	可具色带；一般色调浅，与海蓝宝石相似；红或蓝色片状包体常见；易与锂辉石、硅铍石相混	蓝柱石
绿纤石	S—Tl —O	猫眼效应 放射纤维构造	1.650— 1.660	+0.040	不消光	· · ·		长、短波：无反应	3.20 +0.30 −0.10	5—6	断口：裂片状至粒状	绿纤石（pumpellyite）宝石变种；斑杂状外观，似皂甲似蛇纹；可显辉光，易与孔雀石相混	绿纤石
重晶石	Tp		1.636— 1.648	+0.001 −0.002 0.012	双折射、二轴正 斜方晶系	·		长、短波：无一中强 常有磷光效应	4.50 +0.10 −0.20	3—3.5	断口：参差状 解理：2组完全	荧光及磷光效应一般为浅蓝至绿色，白色的大块料与大理石、方解石相像	重晶石
磷灰石	Tp—Tl	猫眼	1.634— 1.638	+0.012 −0.006 0.002—0.008	双折射、一轴负 六方晶系	· ·	★★★★★ 依颜色而变		3.18 ±0.05	5	断口：贝壳状至参差状	无色、黄色及猫眼磷灰石，常见580.0nm双峰；可显假二轴晶干涉图；易与电气石、黄玉、红柱石、赛黄晶、天蓝石相混	磷灰石
赛黄晶	Tp	一般为浅色调	1.630— 1.636	±0.003 0.006	双折射、二轴负 斜方晶系	·	★ 580.0双峰线最突出	长波：无—弱 短波：无一中强	3.00 ±0.03	7	断口：亚贝壳状至参差状	常有浅蓝色荧光效应；易与黄玉、磷灰石相混	赛黄晶
硅硼钙石	Tp—O		1.626— 1.670	0.044 −0.004 0.046	双折射、不消光 斜方晶系			短波：无—中强	2.95 ±0.05	5—5.5	断口：贝壳状至参差状	浅绿，近于透明的晶体很少加以琢磨，白色至红色瓷料琢磨成弧面型	硅硼钙石
菱锌矿	S—Tp —S—Tl	可以呈带状	1.621— 1.849	0.228	双折射、一轴负 六方晶系			长、短波：无一弱	4.30 ±0.15	4—5	断口：裂片状；解理：3组完全、通常不清晰	滴盐酸起泡；常为块状和葡萄状，易与菱锰矿重晶石相混。双折率和相对密度是鉴定的关键	菱锌矿
葡萄石	S—Tp —S—Tl	猫眼（罕见），常呈浅绿色	1.616— 1.649 1.63+	±0.016 −0.005 0.020—0.031	不消光、二轴正 斜方晶系		★★ 弱的438.0吸收带	长、短波：无一弱	2.90 ±0.05 −0.10	6—6.5	断口：参差状至贝壳状 解理：1组明显	常见晶质集合体，通常亚透明至半透明；易与软玉、硬玉、蛇纹石相混	葡萄石
阳起石	Tp—O	猫眼，常作为猫眼石	1.614— 1.641 1.63+	+0.14 0.022—0.027	双折射、二轴负、单斜晶系	· · ·	★ 505.0吸收线		3.00 +0.10 −0.05	5—6	断口：参差状 解理：2组完全	透明者少见，软玉是阳起石至透闪石系列中一种坚韧的、交织的、纤维质的、块状组成成员。阳起石猫眼：平行纤维构造，常误作"硬玉猫眼"；易与电气石猫眼、磷灰石猫眼相混	阳起石

宝	说　　　明（并非适合所有样品）	宝石材料
异	菱锌矿相混	异极矿
天	易与电气石和磷灰石相混；块状者有白斑，不含黄铁矿；易与青金石相混	天蓝石
锂	溶体系列；易与银星石相混	锂磷铝石
苏	易中称作"Rogal Azol"或"Rogal Lavulite"，与紫硅碱钙石和碱锂钛锆石相混	苏纪石
银		银星石
磷		磷叶石
叶	者用作翡翠仿造品，产自多米尼加的亚透明至不透明的蓝色料含小球状构造，小球的中心为蓝名为"Larimar"；易与绿松石相混	叶钠钙石
软	网状脉。染蓝色者易与绿松石相混；受盐酸侵蚀，而绿松石则不；在滤色镜下常呈桃红色，而	软硼钙石
硅	石相像；瓷状结构。Eilat石：由硅孔雀石、绿松石及假孔雀石组成的岩石；蓝色至绿色；相对	硅孔雀石
磷	色的脉石；滤色镜下显桃红色。易与绿松石、蛇纹石相混；折射率、光谱、滤色镜反应是鉴定	磷铝石
钠	石，并含白色长石及含不定量的其他矿物所组成的岩石；常为斑状外观；一般作玉雕和翡翠仿	钠黝帘石岩
磷	方柱石相混，光性特征和光符以及相对密度是鉴别的关键特征	磷钠铍石
叶	有油感或皂感。又称"寿山石"或"宝塔石"	叶腊石
方	折射率减小，双折率减小）；无色和黄色者常有桃红至橙色荧光效应；易与石英、堇青石、绿柱	方柱石
紫硅	灰色长石、橙色硅钛钙钾石混杂品的且表现为纯紫色至略带紫色的岩石，纤维状外观，局部可	紫硅碱钙石
块	变种；常呈脉状或花斑状；触之有油感或皂感；主要用作装饰性工艺品；可以被指甲刻出痕迹	块滑石
硬	是产于新西兰的变种。紫外线下，尤其在短波下，白色荧光反应比琥珀强。与琥珀不同，乙醚使表面暗化；表面常有裂纹	硬树脂
鱼	的或假二轴晶干涉图。易与石英、堇青石、长石、方柱石相混	鱼眼石
文	范围不如方解石，滴盐酸起泡；易与方解石、珊瑚及贝壳相混	文石
钠	石和无色至白色的钠沸石组成的岩石。整体外貌为饱和的绿色，并有深绿色至黑色的脉或花斑。长石组成的岩石	钠长硬玉
雪	种；有时呈条带状、脉状或具类似大理岩的条纹状	雪花石膏
绿帘	石英、桃红色长石组成的花斑状花岗岩质岩石；可含有黑色脉体，物性十分多变	绿帘花岗岩
钙	呈异常强双折率；可显应变干涉色。一般为块状；可含白色小球状包裹体	钙榴石
杆	，亦常有褐、黄绿色的条带或花斑；具典型的放射状球粒集合体构造，并形成眼睛状形外观；	杆沸石
白	晶面上常显干涉色，双折率即使有，也极弱；晶体表皮常有黄色或褐色的色斑	白榴石
透锂		透锂长石
氟		氟铝钙石
铍	色斑；单晶中见清晰的绿红色与橙-红色的多色性，红色区域发橙色荧光（长波）和橙-红色荧色变深，光源撤去后又复原	铍方钠石
钠	；可有一组裂片。一般为放射状集合体。为钠长硬玉的组分	钠沸石

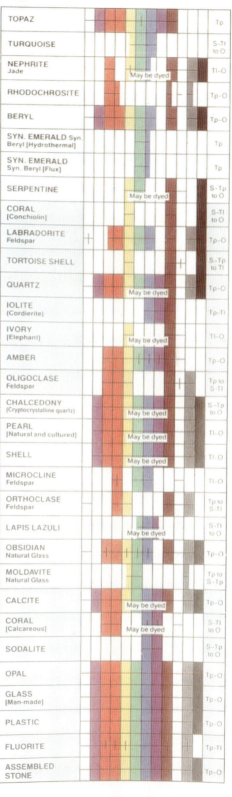

B-1

Gem Material	Color Range (C P R O Y G B V Br W Gr Bl)	Transparency
PYRITE	Y	O
CUPRITE	P-R	Tp
SPHALERITE (Blende)	O-Y, Br, Bl	Tp-O
WULFENITE	C, O, Y, Br, Gr	Tp-Tl
CASSITERITE	P-R, Br, Bl	Tp-O
SCHEELITE	C, Y, Br	Tp-Tl
SPHENE (Titanite)	Y, Br	Tp
GAHNITE	G	Tp-Tl
GAHNOSPINEL	B	Tp-Tl
BENITOITE	C, R, B	Tp
SHATTUCKITE	B	S-Tl to O
STAUROLITE	R, Y, Br	Tp-O
AZURITE	B	Tp-O
EPIDOTE	Y, Br, Gr, Bl	Tp-Tl
TAAFFEITE	P, V	Tp
KYANITE	C, B	Tp
WILLEMITE	O, Y, G	Tp-O
DUMORTIERITE	V	Tp-O
AXINITE	P, O, Y, G	Tp
SINHALITE	Y, Br	Tp
KORNERUPINE	C, Y, G, Br	Tp
ENSTATITE	C, P, G, Br	Tp-Tl
SILLIMANITE (Fibrolite)	B, V, Gr	Tp-O
DIOPTASE	G	Tp-Tl
PHENAKITE	C, R, Y, G, Br	Tp
EUCLASE	C, B	Tp
CHLORASTROLITE Pumpellyite	G, Br	S-Tl to O
BARITE	C, Y, G, Br	Tp-O
APATITE	C, P, Y, G, B, V	Tp-Tl
DANBURITE	C, Y	Tp
DATOLITE	C, R, Y, G, V, Gr	Tp-O
SMITHSONITE	C, P, R, O, Y, G, B, V, Br	S-Tp to S-Tl

B-2

Gem Material	Color Range	Transparency
PREHNITE	Y, G, Gr	S-Tp to S-Tl
ACTINOLITE	Y, G	Tp-O
HEMIMORPHITE	G, B, Br	Tp-Tl
LAZULITE	G, B	Tp-O
AMBLYGONITE	Y	Tp
SUGILITE	P, R, V	S-Tp to O
BRAZILIANITE	C, Y	Tp
PHOSPHOPHYLLITE	G	Tp
PECTOLITE	C, G, Gr	Tp-O
HOWLITE	C (May be dyed)	S-Tl to O
CHRYSOCOLLA	G, B	Tl-O
VARISCITE	Y, G	Tl-O
SAUSSURITE	Y, G, Gr	Tl-O
BERYLLONITE	C, Y	Tp
AGALMATOLITE (Pyrophyllite)	G, Br, Gr	S-Tl to O
SCAPOLITE	P, R, O, Y, G, V	Tp-Tl
CHAROITE	P, V	S-Tl to O
STEATITE (Talc)	G, Br (May be dyed)	S-Tl to O
COPAL	O, Y, Br	Tp
APOPHYLLITE	C, R, Y, G, V	Tp-Tl
ARAGONITE	C, O, Y, G, V, Gr	Tp-O
MAW-SIT-SIT	G, Bl	O
ALABASTER (Gypsum)	Y, G (May be dyed)	Tl-O
UNAKITE	R, G	O
POLLUCITE	C, V	Tp-Tl
THOMSONITE	R, Y, G, Br	Tl-O
LEUCITE	C, Gr	Tp
PETALITE	C, Y	Tp
PROSOPITE	C, B, Gr	Tp-O
TUGTUPITE	R	Tl-O
NATROLITE	C, R, Y, Gr	Tp-Tl

Vocabulary 词汇表

Bb
bank[bæŋk]银行

Cc
cook[kʊk]厨师
computer[kəmˈpju:tə(r)]电脑
circle[ˈs3:kl]圆形

Dd
doctor[ˈdɒktə]医生
driver[ˈdraɪvə]司机

Ff
Friday[ˈfraɪdeɪ]星期五
farmer[ˈfɑ:mə]农民
fridge[frɪdʒ]冰箱

Hh
home[həʊm]家
hospital[ˈhɒspɪt(ə)l]医院

Ll
lamp[læmp]台灯

Mm
Monday[ˈmʌndeɪ]星期一

Nn
nurse[n3:s]护士

Oo
oblong[ˈɑblɒŋ]长方形

Pp
policeman[pəˈli:smən]警察
park[pɑ:k]公园

Ss
Saturday[ˈsætədeɪ]星期六
Sunday[ˈsʌndeɪ]星期天
school[sku:l]学校
supermarket[ˈsu:pəmɑ:kɪt]超市
sofa[ˈsəʊfə]沙发
square[skweə]正方形

Tt
Tuesday[ˈtju:zdeɪ]星期二
Thursday[ˈθ3:zdeɪ]星期四
table[ˈteɪbl]桌子
television[ˈtelɪvɪʒn]电视
telephone[ˈtelɪfəʊn]电话
triangle[ˈtraɪæŋg(ə)l]三角形

Ww
Wednesday[ˈwenzdeɪ]星期三
worker[ˈw3:kə]工人

图书在版编目(CIP)数据

趣味英语：全8册 / 优贝早教研发中心编. -- 武汉：武汉理工大学出版社，2014.7
ISBN 978-7-5629-4541-3

Ⅰ.①英… Ⅱ.①优… Ⅲ.①英语课－学前教育－教学参考资料 Ⅳ.①G613.2

中国版本图书馆 CIP 数据核字(2014)第 104309 号

扫一扫跟我学英语

编　　著：优贝早教研发中心	装帧设计：华诚文化

责任编辑：黄玲玲
出版发行：武汉理工大学出版社
社　　址：武汉市洪山区珞狮路 122 号
邮　　编：430070
经　　销：全国新华书店
印　　刷：武汉市金皇印务有限责任公司
开　　本：889mm×1194mm　1/16
印　　张：2
版　　次：2014 年 7 月第 1 版　　2014 年 7 月第 1 次印刷
定　　价：12.80 元

版权所有　翻版必究